出镜 @古意

出镜 @古意

出镜 @古意

摄　　@扶厄·
出镜　@弥璎呀
妆造　@蝶衣喵喵喵

古风缠花
图解入门

岚尚宫　编著

人民邮电出版社

北京

图书在版编目（CIP）数据

古风缠花图解入门 / 岚尚宫编著. -- 北京 : 人民
邮电出版社，2022.8（2024.4重印）
ISBN 978-7-115-58014-6

Ⅰ. ①古… Ⅱ. ①岚… Ⅲ. ①手工艺品－制作－图解
Ⅳ. ①TS973.5-64

中国版本图书馆CIP数据核字(2021)第242479号

内 容 提 要

  缠花，是我国传统手工艺术中的瑰宝，或精巧、或华丽的缠花作品无不展现着传统艺术的魅力。随着近年来人们对传统文化的逐渐重视，在传统文化传承人的不懈创新之下，缠花也受到了越来越多的关注。

  本书共6章内容，从缠花的基础知识开始讲起，介绍了缠花的流派、特点和应用；接着介绍了缠花的制作材料、流程与基础手法，以帮助读者做好准备阶段的工作；最后以饰品和摆件为主题，一共讲解了12个案例，读者可以边看边动手，在实操中进一步感受缠花的魅力。另外，本书还附赠了案例教学视频和线稿图，方便读者快速上手。

  本书适合对传统手工艺品感兴趣的手工爱好者，无论是资深手作人，还是想尝试的新人，都能够跟着本书的案例进行操作，并举一反三，制作出属于自己的缠花作品，享受手作的乐趣。

◆ 编　著　岚尚宫
  责任编辑　王　铁
  责任印制　周昇亮

◆ 人民邮电出版社出版发行　　北京市丰台区成寿寺路 11 号
  邮编　100164　　电子邮件　315@ptpress.com.cn
  网址　https://www.ptpress.com.cn

  北京九天鸿程印刷有限责任公司印刷

◆ 开本：787×1092　1/16
  印张：13　　　　　　　　　2022 年 8 月第 1 版
  字数：333 千字　　　　　　2024 年 4 月北京第 4 次印刷

定价：99.00 元
读者服务热线：**(010)81055296**　印装质量热线：**(010)81055316**
反盗版热线：**(010)81055315**
广告经营许可证：京东市监广登字 20170147 号

目录
contents

缠花是传统美术和民间艺术的集大成者，在我国瑰丽的民间艺术宝库中占有一席之地。本章将介绍缠花工艺在不同地区的发展历程，分析缠花的工艺特点及其在现代社会中的应用，带读者走进缠花的世界。

1.1 民间特色的缠花工艺

缠花作为一项传统工艺，有着非常悠久的历史。我们如今看到的缠花工艺其实经过了漫长的发展与创新。本节将厘清缠花的发展脉络，以地区进行区分，重点介绍两个民间缠花流派的特点及其背后的风土民俗。

1.1.1 英山缠花

英山缠花是流传于湖北省英山县的缠花工艺。英山县是黄冈市的辖县，自古就有种桑、养蚕的习俗，当地所产的蚕丝质地柔软，品质上乘，这为缠花工艺的诞生与发展提供了重要的材料。

英山缠花的出现最早可以追溯到北宋时期。北宋诗人宋祁在《春帖子词·皇后阁十首》中写道："暖碧浮天面，迟红上日华。宝幡双帖燕，彩树对缠花。"其中"帖燕""缠花"指的就是英山当地的节日民俗。《英山县志》中记载："五月五日端午节，……缠制彩色囊猴等物与小儿佩之。"缠花就是从这些习俗中演变而来的。

缠花工艺源自习俗，成型之后仍然同英山人的生活保持着密不可分的联系。无论是衣食住行，还是红白喜事，缠花都以其丰富灵活的表现形式，在其中扮演着不可或缺的角色。

在英山县，孩子满周岁时，长辈会制作小老虎、小蝙蝠、小鱼等造型的缠花，并将其缝在孩子的鞋帽上，以此寄托前程似锦、吉庆有余、有福有禄的美好祝福；婚庆时，人们则将缠花制作成石榴、百合、牡丹等形态，取多子多孙、团团圆圆、十全十美等意；每逢老人寿诞，人们又用缠花制成字，配合具有吉祥寓意的花样，表达祝寿之意。

明末清初，缠花工艺进入鼎盛期。到了民国时期，英山缠花得到进一步继承和发展，诞生了许多经典作品，现存的英山缠花藏品多属于民国时期的作品。

如今，英山缠花作为一项传统工艺仍然绽放着它的光彩。2011年，英山缠花被列入湖北省第三批省级非物质文化遗产名录。2012年，张仕贞老人申报成为英山缠花的代表性传承人。2012年，师承于张仕贞老人的陈广英成为英山缠花的代表性传承人。作为张仕贞老人唯一的徒弟，在继承发扬传统工艺的同时，陈广英始终坚持创新，利用新的构图和设计，让英山缠花变成更符合现代审美的作品，取得了卓然的成绩。

1.1.2　闽南缠花

　　闽南缠花是流传于福建省厦门市和泉州市的缠花工艺，又称吉花、春仔花。根据佩戴缠花的场合不同，闽南缠花又分为新娘花、婆婆花和母亲花等类别。

　　在闽南地区，"结婚、生孩子、起大厝（闽南方言，意为盖房子）"是当地人一生中非常重要的 3 件大事，在相应的仪式上"登场"的缠花也拥有专门的称呼。例如，在结婚仪式上，新娘佩戴的缠花是"新娘花"，新娘给婆婆的回礼则被称为"婆婆花"。特别的是，婆婆花由两个部分组成，一个是普通缠花，一个是形状如张开的嘴巴的缠花。新娘先将普通缠花插入形状如张开的嘴巴的缠花当中，然后将其佩戴到婆婆头上。这是寓意新娘进门后，婆媳和睦相处，同声同气。

　　缠花不仅在特殊的礼仪场合发挥着作用，还是闽南地区人们日常生活的一部分。清代《厦门志》中记载："岛中妇女，编花为龙凤、雀蝶诸形，插戴满头；……以不簪花为异像。生花尤工巧，馈贻必用花。"可见缠花在闽南地区的重要地位。

　　闽南缠花是闽南民俗文化的活化石。2008 年 6 月 13 日，厦门宣布将"春仔花习俗"列入厦门市第一批非物质文化遗产项目，洪宝叶和洪素真被列为"春仔花习俗"的代表性传承人。

 ## 1.2　缠花的特点与应用

　　时至今日，缠花仍然以其华丽精致的外观受到人们的喜爱，但随着社会的发展，缠花也呈现出了不同的特点，拓展出了传统民俗之外的实用功能。本节将带领读者进一步了解缠花的特点，并介绍缠花在当今社会中的广泛应用。

1.2.1　缠花的特点

　　缠花多采用花的造型，因此有了"缠花"之名。下图所示为花草造型的缠花的佩戴效果。缠花的造型十分丰富，除了最常见的花的造型，还有动物形状、吉祥图案等。

缠花的制作过程简单，所需的制作材料也十分常见，如硬卡纸、铁丝、蚕丝线等都是生活中容易取得的材料。

在制作工艺上，缠花集多种传统技艺之大成，融合了绘画、剪纸、刺绣、雕塑等的制作技巧和特点。制作者需要先画出图案，然后用转印纸将图案转印到硬卡纸上，再用剪刀将其剪下。完成了这一步，就可以正式开始"缠"花。缠花过程与刺绣有异曲同工之妙，需要按一定的顺序和方向缠，而且必须缠紧、缠密，因此缠花可以说是另一种形式的刺绣。而在制作立体的缠花造型时，制作者需要利用雕塑的技巧获得拓扑图，将各部分分别缠绕完成后再进行整体造型的组合。下图所示为蝈蝈造型的缠花，该缠花就是由多个部分拼接而成的，蝈蝈的形态十分生动。

当前由于加入了现代技术，缠花的制作难度有所降低。制作者可以直接买印刷好的卡纸模板，甚至是已经裁剪好的模板。这种方式极大地提高了缠花的制作速度，为量产提供了可能。一方面，产量的增加能够使缠花摆脱制作耗时久、供不应求的困境，扩大缠花的受众范围；另一方面，也便于人们学习缠花工艺，自己动手制作缠花，感受缠花工艺的魅力。下图所示为制作精美的缠花。

缠花的存放与保养需要注意以下 3 点：一是缠花易变形也易复位，故存放时需小心；二是忌油和灰尘，因为缠花表面的蚕丝线易脏，所以在使用时需要格外小心；三是忌水，水会让缠花内部的卡纸变软，从而失去支撑能力。因此，佩戴缠花饰品时要注意不要用力按压它，不要让它沾水。在将缠花当作装饰品摆放时，我们应在其外部增加防尘罩，这样才能更好地延长缠花的使用寿命。左图所示为花朵造型的缠花。

1.2.2　缠花的应用

除了在民俗当中的应用之外，缠花还作为汉服的饰品被大多数人认识。从汉服复兴到汉服的日常化，汉服文化的发展带来了许多新的商机，尤其是与汉服搭配的饰品。右图所示的模特身着汉服、佩戴缠花，汉服与缠花搭配适宜、相得益彰。

缠花之所以能成为重要的汉服饰品，原因有以下几点：一是缠花和汉服之间具有良好的适配性，它造型多变、寓意美好，而且可以根据特定服饰的配色进行定制；二是缠花比金、银、玉石饰品的造价更低，经济实惠；三是缠花本身具有一些特定的优点，它比铜制饰品色彩更丰富，比热缩花饰品更柔软，比绒花饰品更硬挺。

缠花作为装饰品也应用得十分广泛。有人喜欢将其制作成胸针，用于装饰礼服；有人喜欢将其制成摆件，作为家居装饰的一部分。缠花是一种非物质文化遗产，因此也有人将缠花作为礼品彰显自己的心意。下图所示为花枝造型的现代缠花工艺品。

要想让缠花被更多人认识，就要制作在日常生活中更实用的缠花，扩大其应用范围，使其服务大众，而这需要每一位缠花制作者共同努力。左图所示为样式新颖、创意独特的缠花。

在当今社会，人们学习缠花工艺不仅能够继承和推广非物质文化遗产，让优秀的传统文化得以流传并焕发新的生命力，还能将其作为副业增收，创造经济效益，可谓一举两得。

第2章

缠花的制作工具、材料与流程

　　要想制作精美的缠花，首先要熟悉缠花的制作工具和材料，掌握工具和材料的使用方法能让缠花的制作更加轻松。本章将从缠花的制作工具和材料讲起，梳理它们的使用方法，并详细介绍缠花的制作流程，以便为后续学习缠花的制作打好基础。

2.1 制作缠花所需的工具和材料

　　工欲善其事，必先利其器。本节主要介绍制作缠花所需的工具和材料，讲解它们的使用方法和一些注意事项。

2.1.1 基础工具和材料

　　一般来说，制作缠花离不开以下工具和材料。

1. 剪刀

　　右图所示为3种不同的剪刀，从右上到左下依次为弯头剪刀、普通剪刀和锯齿鱼线剪刀。在制作缠花时，剪刀通常用于剪裁卡纸或丝线等。我们在使用剪刀时，应将卡纸或丝线等靠近剪刀的轴部，控制好力度，结合相应的剪纸技法进行剪裁。

　　弯头剪刀多用于剪裁有弧度的图纸，用来剪铁丝也十分方便。锯齿鱼线剪刀更适合初学者用来剪裁图纸，但仅限于造型、样式简单的图纸。用锯齿鱼线剪刀裁剪过的图纸边缘会留有锯齿，锯齿可以防止蚕丝线下滑。

2. 蚕丝线、绒线

　　蚕丝线和绒线是缠花的主要制作材料，下图从左到右依次为蚕丝线、高亮绒线和哑光绒线。

蚕丝线也常被称作苏绣绣线，蚕丝线表面光洁，质地柔软且弹性较好，另外，蚕丝线颜色种类多，染色性极好，整体美观、鲜明、细腻，适合制作各类缠花。一般的蚕丝线在使用前需要劈丝，即在蚕丝线的一端将两根蚕丝从中间分开，然后合并使用。为避免劈丝时蚕丝线打结，我们可以直接购买无撵的蚕丝线使用。在使用蚕丝线时常出现起毛的问题，通常可以用打火机轻轻燎一下起毛的地方，使其受热收缩便能解决问题，但注意不要将蚕丝线烧断。除此以外，为避免蚕丝线起毛，我们可以事先准备好湿毛巾，在触摸蚕丝线前擦拭手指，减小手指和蚕丝线间的摩擦。

绒线一般分为高亮绒线和哑光绒线，高亮绒线的特点是线的表面有很明显的光泽，而哑光绒线不带有光泽。相较于蚕丝线，绒线的颜色种类有限，但绒线更有质感，可用于制作缠花的枝干、花瓣和进行内部填充。值得一提的是，高亮绒线是化纤材质，遇到起毛的问题时我们不能用打火机燎，否则会使高亮绒线变黑。

3. 丝网花铁丝、保色铜丝

左图所示是制作缠花所需的丝网花铁丝和保色铜丝。丝网花铁丝是一种常用于首饰制作的铁丝，常见的有直径为 0.3mm、0.4mm 的金色铁丝。制作缠花时需要制造出立体的效果，30 号丝网花铁丝拥有良好的可塑性，可以随图纸弯折成不同的形状。同时，相较于铜丝，铁丝的硬度更大，能更好地发挥支撑作用。除丝网花铁丝外，保色铜丝也是缠花制作中常用的材料，一般用于制作缠花的外部装饰。

4. 卡纸

卡纸是用于绘制缠花部件的图纸。蚕丝线质地柔软，需要卡纸做支撑才能呈现出特定的形状。因此在选择卡纸时，推荐初学者选用 350g 的白色硬卡纸，方便掌控。

待技术成熟后可以选用 300g 的卡纸，这一厚度的卡纸在兼具硬度的同时，可以做出大幅度弯折的造型。下图所示是用卡纸绘制的花瓣部件。

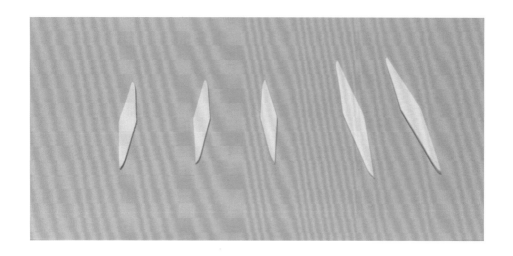

5.白乳胶、酒精胶、锁边液

右图从左到右依次为白乳胶、酒精胶和锁边液，这是 3 种缠花制作过程中所需用到的黏合剂。白乳胶通常用来粘蚕丝线，其特点是可以快速风干。酒精胶则用于粘绒线，也可用于缠花部件的黏合，酒精胶无色透明，且黏性较强，可以用于封层，防止缠花因摩擦而开线。锁边液常被涂抹在卡纸背面，能够避免缠花制作过程中出现脱线的情况。

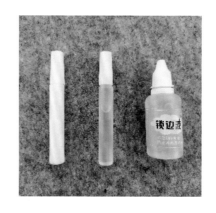

2.1.2 制作缠花所用的装饰性材料

除了基础工具和材料，制作缠花也少不了使用一些装饰性材料，下面主要介绍制作缠花所用的装饰材料、染色工具和装饰花蕊。

1.装饰材料

完成缠花的制作后，我们需要通过装饰让缠花更加精致、美观，这就少不了装饰材料的使用。通常，常用的装饰材料分为装饰用纸和装饰线两种。装饰用纸可以选用较为常见的条形纸带，即常被用来折星星或制作衍纸的纸带，这类纸带的颜色

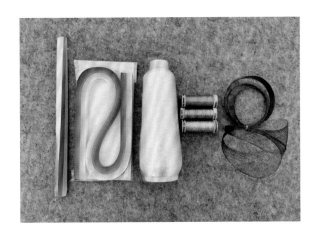

和花纹众多，装饰效果良好。装饰线一般是指装饰用的金属线，以电脑刺绣金属线和法式刺绣金属线为主，前者价格较低但颜色种类较少，后者价格较高但颜色种类较多。还有很多材料都可以用作缠花的装饰材料，如魔术丝等，具体使用哪种装饰材料需要我们根据需要进行选择。左图所示为制作缠花常用的装饰材料。

2. 染色工具

缠花的颜色往往取决于所使用的蚕丝线或绒线的颜色，作品颜色一旦选定就难以产生变化。因此要使缠花在颜色上具有渐变或晕染的效果，就需要通过后期染色来实现。目前，制作缠花时常用的染色工具主要有 4 种，即粉末状染料、固体水彩、液体珠光水彩和油漆笔，如下图所示。

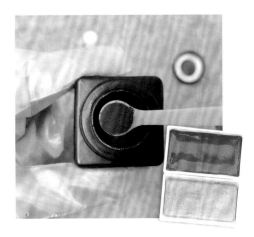

很多常见的天然染料多为粉末状，如植物染料和矿物染料。粉末状染料易于存放，使用时需要用水冲泡均匀后再进行染色。固体水彩是较为常见的染料，使用起来也更加便捷，染色时用润湿的笔刷在固体水彩表面着色，然后直接涂抹在缠花的表面即可，常用于制造渐变和晕染等效果。左图所示为粉末状染料和固体水彩。

液体珠光水彩就是一种带有亮光的液体水彩，涂抹在缠花的表面会使缠花有明显的亮光，需要注意的是，在使用液体珠光水彩时需要将水彩摇晃均匀后再涂抹。油漆笔一般有油性、水性、酒精3种，颜色种类繁多，多用于在缠花表面画、线条、纹路或写字，通常推荐使用0.7mm或1mm的油漆笔。下图所示为使用液体珠光水彩和油漆笔给缠花表面染色的场景。

3. 装饰花蕊

装饰花蕊是缠花的一个重要组成部分，市面上有许多制作好的装饰花蕊，常见的有翻糖花蕊、铜制花蕊等，我们在制作过程中可根据缠花的不同造型来选择装饰花蕊。右图所示为翻糖花蕊和铜制花蕊成品。

除使用成品装饰花蕊外，自制装饰花蕊同样是一个不错的选择，下面简单介绍3种花蕊的制作过程。

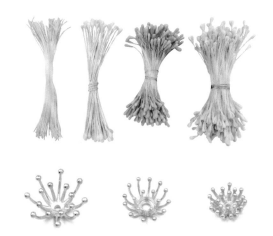

◉ 圆蜡线花蕊

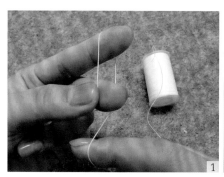 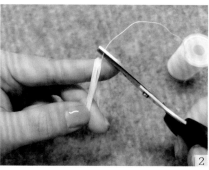

01

准备一卷直径为0.3mm的圆蜡线，取圆蜡线在食指和中指上缠绕约15圈，并剪断线头。

02

用铁丝勒紧圆蜡线圈的中部进行固定并把铁丝拧紧，用剪刀将两端的圆蜡线剪开。

03

按照花朵大小来修剪花蕊，并用水彩笔为花蕊上色。

⬢ 铁丝花蕊

01

取一根30号丝网花铁丝，在铁丝上穿一颗装饰用的珠子，并将铁丝对折。

02

将蚕丝线均匀地绕在铁丝上，直至将铁丝包裹起来。

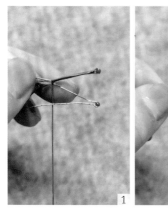  

03

添加穿有珠子的对折铁丝并用蚕丝线继续缠绕，每缠绕好一根后就再添加一根新的穿有珠子的对折铁丝并继续用蚕丝线缠绕。将铁丝卷起并调整整体造型，用多余的蚕丝线将铁丝捆紧、完成铁丝花蕊的制作。

◉ 卡纸条花蕊

 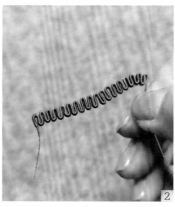

01

取20cm长、2mm宽的卡纸条，用蚕丝线缠绕卡纸条，每隔5mm做一次弯折。

02

将弯折后的卡纸条卷起来并用胶水固定，完成卡纸条花蕊的制作。

4

2.2 制作流程

缠花的制作流程大致可以分为 4 个步骤，本节将逐个进行介绍。

2.2.1 设计样式，绘制模板

在正式开始制作缠花之前，制作者需要对作品进行整体构思和设计，简单来说，就是制作者必须先想清楚要做什么，再动手制作。

构思完毕后，制作者就要对整体进行拆分，再为各个部件绘制纸样。例如，要制作如左图所示的缠花，制作者就要分别绘制叶片、花朵、茎等部件的纸样。

缠花的纸样通常是硬挺的卡纸，制作者在卡纸上画好图样，即拓扑图。如果要批量制作，制作者可以先使用其他材料绘制拓扑图，用刻刀裁去图案，制作出镂空的模板，然后在制作纸样时，直接比照模板在硬纸板上描画。使用模板可以避免反复绘制相同的拓扑图，从而节省时间。

除了自己设计和绘制之外，制作者还可以利用网络寻找一些缠花爱好者分享的模板素材，自行打印和组合，以创作出更具特色的缠花。

2.2.2 准备材料，裁剪模板

绘制好纸样之后，制作者就要依照所绘的图案，将纸样小心地裁剪下来，如下图所示。制作者也可以直接购买现成的纸样，网上出售的纸样大多使用激光裁剪，边角更为规整。有些成品纸样附有背胶，以便在缠绕时固定铁丝和蚕丝线，适合初学者使用。

铁丝也是必不可少的材料，纸样之间的连接用铁丝缠绕完成的。铁丝最好在缠绕之前就准备好，如果不能准确把握需要的长度，制作者可以试着将制作同一部件所需要使用的纸样首尾相连，依次排列，得到大致所需的铁丝长度。在该长度的基础上再留出一截用于对接组合的铁丝，便可以估算出铁丝的基础长度。

丝线是制作缠花的三大主要材料之一。在制作缠花过程中，丝线的使用是有讲究的。制作者可以通过对丝线颜色进行选取和搭配，以满足不同造型的需要，在左图所示的缠花中，制作者就分别使用了两种颜色的丝线制作花心和花瓣，将花的色彩变换展现得十分生动。另外，不同材质的丝线由于性质不同，呈现的视觉效果也各不相同，如绒线的光泽感更加突出，冰丝线的贴合度更好，化纤线因质感较硬，故能够避免起毛的情况。除此之外，还有人丝线、流苏线等，制作者可以充分探索不同材质的丝线的特点并加以运用。

挑选好丝线，在正式开缠之前，制作者还需要做一件准备工作：劈丝。劈丝就是将每根丝线分成两根，缠绕时再合起来，这样丝线会更加紧密。

为了让缠花更加精致，造型更加生动，创作者有时还要准备其他装饰性材料。左图所示的缠花中就使用了珍珠等装饰性材料，成品既显层次，又有细节。另外，如果要制作缠花胸针、缠花簪等缠花工艺品，制作者还需要准备别针、簪子等配件。

2.2.3 缠制部件，整体组装

准备工作做完之后，就可以正式开缠了。一般的流程是先将铁丝放在纸样背面的中间位置，留出一定长度的铁丝，再开始缠绕。在缠绕的过程中要注意理线，避免丝线打结或不够平整，以避免缠绕后的成品产生缝隙，影响美观。每缠完一个纸样要及时打结，避免丝线松动。

在缠绕的过程中，制作者必须时刻拉紧丝线。如果担心脱线，制作者可在纸样背面涂上白乳胶或双面胶，使用带有背胶的成品纸样也是一个不错的选择。

各部件缠绕完毕后，就可以进行整体的组装。组装的方法是将部件中留出的铁丝合并缠绕，如下图所示。如果是做缠花簪子等缠花工艺品，则需要用线将各部件缠绕在簪子上。

部件组装完成后，适当调整整体形状，如弯折花瓣、叶片等，这样可以使缠花的形态更加自然，增强缠花的艺术观赏性。

2.2.4　作品存放，注意事项

恰当的存放方式能够延长缠花的寿命，让缠花长久地保持美观的状态。缠花的存放需要注意以下几点。

注意存放环节的干净整洁。由于缠花表面是易脏的丝线，内部多为卡纸，不便清洗，在存放时需要避免脏污或积灰。

保存在没有光照的密封环境下。避免光照是为了让蚕丝线尽可能长久地保持光泽感和硬度，同时避免出现褪色的情况，使缠花能够尽可能长久地保持亮丽。

防虫。虫蛀会对缠花造成不可逆的负面影响，因此，制作者在存放缠花时可以放置一些樟脑丸、卫生球、防蛀樟木等防虫工具，如果实在难以避免虫蛀，可以使用真空袋将缠花封存起来。

防水防潮。一旦沾水或受潮，缠花内部的卡纸就可能软化甚至开裂，从而使缠花的造型受到破坏。水渍也会对丝线造成一定程度的影响，如导致丝线表面起毛或丝线间产生缝隙等，这些情况都会使缠花的观赏度降低，甚至毁坏缠花的整体形态。

第**3**章

缠花的基础手法和
常见的传统色彩搭配

　　本章对缠花制作过程中的基础手法
和常见的传统色彩的搭配进行细致的梳
理和讲解，并通过简单的缠花部件制
作，帮助读者掌握缠花制作的基本要领。

3.1 基础手法

本节将从缠花的基础手法入手，将缠花制作过程中所需要用到的手法逐步分解，向读者展示缠花制作各步骤的细节，以便读者在后续进行缠花制作时能更加得心应手。

3.1.1 缠花的手法

缠花的手法主要包括劈丝和起头、单片缠花手法、加入多片卡纸和加捻 4 个部分。

1. 劈丝和起头

劈丝和起头是缠花制作过程中不可或缺的环节。我们通常对蚕丝线进行劈丝操作，劈丝是指将一根丝线上分成两部分使用，进行了劈丝操作的蚕丝线会使缠花更加立体。起头则是让蚕丝线能够固定在铁丝上的必要操作。下面具体讲解劈丝和起头的操作过程。

✤ 劈丝

取一根蚕丝线，从一端将其二等分为两股丝线，将分开的两股丝线合并使用，如下图所示。

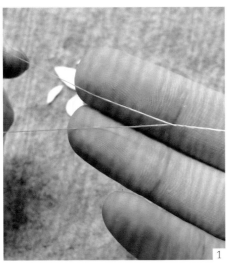

✤ 起头

左手握住铁丝和蚕丝线，从铁丝一端预留 1cm 后的位置开始，将蚕丝线由左向右地向着铁丝另一端缠绕。缠绕至铁丝端口处时，将蚕丝线缠绕的方向改为由右向左缠绕，并用蚕丝线盖住之前缠好的部分，缠至起始处时，即完成缠花的起头操作，如下图所示。

2. 单片缠花手法

完成起头后，将卡纸置于铁丝下，用蚕丝线均匀地沿卡纸缠绕。注意在缠绕时，要将卡纸完整地包裹起来，并要缠绕得均匀紧密，达到从蚕丝线的间隙中看不到卡纸的效果。在蚕丝线缠绕至卡纸约5mm处时，将起头时预留的铁丝弯折至卡纸背面，如下图所示。

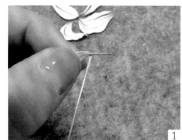

3. 加入多片卡纸

制作单片缠花时，从卡纸的一端缠绕至另一端即可，如右图中左部分内容所示。但通常情况下，缠花的叶片、花瓣等需要营造立体效果的部件都是由两片左右对称的卡纸组成的。换言之，在制作这些部件时一根铁丝上需要添加两片卡纸。这时要注意分清卡纸的首尾，尤其当卡纸两端的大小和宽窄不同时，就必须格外注意添加卡片的方法。制作添加两片卡纸的缠花时，一般是以两张卡纸形状相同的一端作为缠绕的起点和终点，简单来说就是以"首—尾—尾—首"的顺序添加卡纸缠绕，如右图中右部分内容所示。

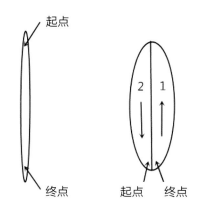

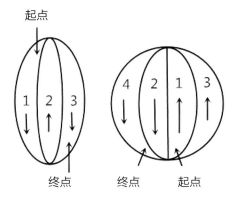

起点

1　2　3

终点

4　2　1　3

终点　起点

如果需要在一根铁丝上添加更多的卡纸，则需要遵循一定的添加顺序，左图所示为 3 片卡纸的添加顺序和 4 片卡纸的添加顺序示意图。多片卡纸的添加既可以按照由左往右的顺序添加，也可以按照由内向外的顺序添加。使用不同的添加顺序的区别在于，制作者在弯折铁丝时根据卡纸的形状所选择的弯折的方法和角度不同。

4. 加捻

加捻就是用蚕丝线将铜丝或铁丝包裹起来，让铜丝或铁丝的表面有着蚕丝线的质感。在缠花制作过程中，为铁丝或铜丝加捻通常是为了制作一些特殊的造型或效果。下面以铁丝加捻为例简单介绍加捻的方法，加捻时需要使用经过劈丝处理的蚕丝线，在铁丝或铜丝的一端留出 1cm 的长度，用起头的手法将蚕丝线缠绕在一起并顺着同一个方向缠至铁丝一端，然后再反向缠绕，用蚕丝线均匀地包裹住铁丝，如下图所示。

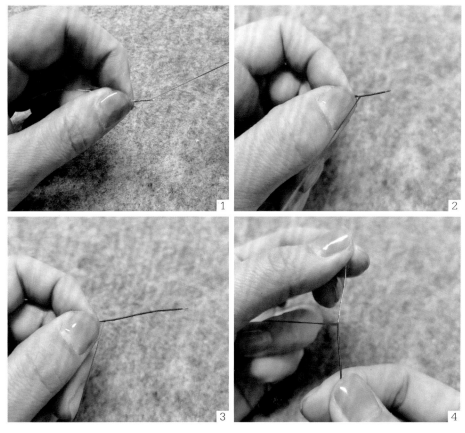

通常情况下，我们为整根铁丝或铜丝加捻时会遇到蚕丝线不够长的情况，这时就需要加线。加线的具体操作方法是：首先将上一段蚕丝线的线头用白乳胶粘住，注意在胶水干透前捏紧线头，防止蚕丝线滑落；再取一根新的蚕丝线，在铁丝上起头并继续为铁丝加捻，如下图所示。

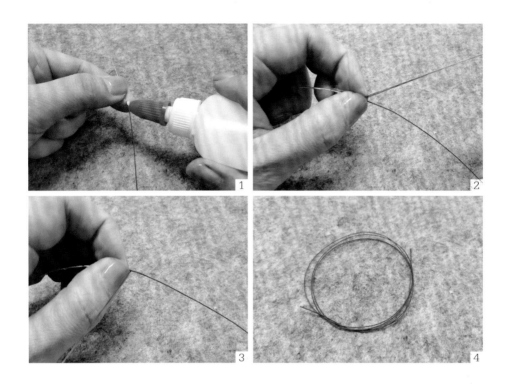

3.1.2 接线、接铁丝

我们在制作缠花时经常容易遇到蚕丝线长度不够，需要接线的情况。对于初学者而言，如果不能恰当地接线，就很容易导致缠花开线。通常我们在接线时需要先将线头卡在铁丝或卡纸的背面，以防止线头滑落导致缠花松线，再取一根新的蚕丝线，同样将其卡在铁丝和卡纸背面，如下图所示。

将两个线头拧紧，然后用新接的蚕丝线继续沿卡纸缠绕，注意新缠的部分要微微盖住之前缠好的一部分，这样背面才不会露出白色的卡纸，如下图所示。

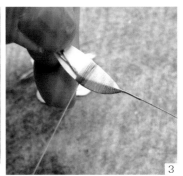

除了需要接线外，当缠花的铁丝的长度不够时，同样需要接新的铁丝。接铁丝的方法与接线类似，首先需要留出未被缠绕的铁丝的一部分，然后取一根新铁丝，将其插入卡纸背面旧铁丝与蚕丝线的缝隙中，用蚕丝线将铁丝与卡纸裹紧即可，如下图所示。

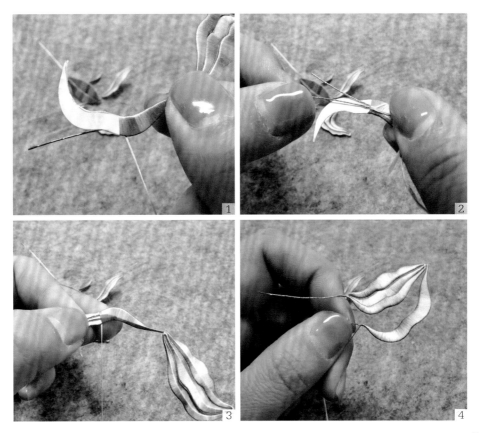

3.1.3 加入装饰性纸条或装饰线

在缠花中添加装饰性纸条或装饰线可以让其更加美观，尤其是在某些缠花中，装饰性线条或装饰线可以呈现出独特的装饰效果。下图所示分别是在缠花中添加装饰性纸条和装饰线的效果。

在缠花中添加装饰性纸条首先要对装饰性纸条进行裁剪，让装饰性纸条的宽度和缠花图纸大小成一定的比例，裁剪后将装饰性纸条添加在卡纸上。具体操作是用蚕丝线压住纸条的一端先缠一部分，然后将纸条向上翻起，用蚕丝线贴着卡纸缠绕，在缠花表面露出纸条；接着，用纸条盖住缠花表面，留出一定长度的纸条并用蚕丝线包裹纸条缠绕，重复上述操作就可以得到表面有间隔装饰纸带的缠花。

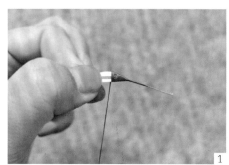

对于一些造型特殊的缠花图纸，在制作时添加金属线会使其有更加特别的效果。左图所示为蚕丝线呈放射状的缠花造型。在添加金属线时需要将金属线和蚕丝线一同缠绕在铁丝上，在沿卡纸缠制时则需要用手紧紧按压金属线，以防下滑开线。

3.1.4　染色

2.1.2 节中介绍了制作缠花时常用的染色工具，本小节将从具体的操作步骤出发，讲解给缠花染色的方法。通常缠花的染色可以分为制作前的染线和制作后的缠花染色。染线是指在制作缠花前将蚕丝线染成需要的颜色，晾干后再进行缠花的制作；制作后的缠花染色是指在用白色蚕丝线完成缠花的制作后，用笔和染料为缠花人工涂色。下面简单介绍这两种染色的具体操作方法。

1. 制作前的染线

下面以粉末状的染料为例，讲解染线的具体步骤。

01 用量匙取3匙（大约3g）红粉末状染料备用。

02 将粉末状染料倒入稀释瓶中并倒入30ml热水，将染料与热水充分搅拌、摇匀，注意避免染料结块。

03 准备一捆白色蚕丝线，将其用水浸湿，拧掉多余的水分，用滴管吸取染料并滴在蚕丝线的一端。

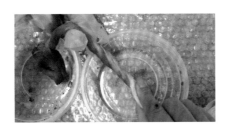

04 用手搓揉蚕丝线使上色更加均匀，给蚕丝线的一端染色后，拧蚕丝线挤出多余水分，并让染料晕染至蚕丝线中部。

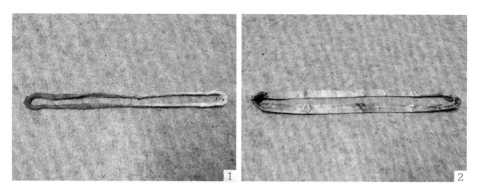

05 将完成染色的蚕丝线晾干，就可以得到渐变色的蚕丝线。在染色时添加不同颜色的染料就可以染出色彩更加丰富的蚕丝线。

2. 制作后的缠花染色

对蚕丝线进行染色的弊端在于缠制时无法控制蚕丝线的颜色变化，由于缠花图纸存在差异，蚕丝线的颜色渐变等效果可能在缠花中无法呈现，因此，为了让缠花的颜色与图纸相配，我们可以在缠制结束后进行染色。

以用固体颜料染色为例，用水浸湿笔刷，用沾湿的笔刷在固体颜料上涂抹，沾染上颜色，然后轻轻刷在白色蚕丝线缠制好的缠花表面，为了加深颜色可以重复沾染颜料并涂色，注意控制笔刷的湿度，笔刷过湿颜料上色会较浅，反复涂抹后，缠花下的卡纸会变软，上色完成后晾干即可，如下图所示。

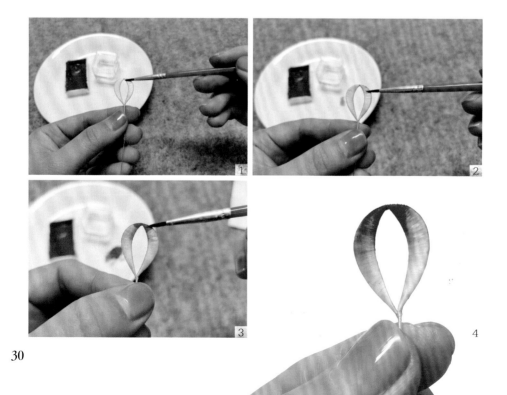

3.2 常见的传统色彩搭配

要想学习缠花，除了了解制作工艺外，还要增加自身对设计的理解。设计的三大核心要素是设计思路、视觉传达和完成设计。缠花学习者大多非设计专业出身，配色的选择往往成为缠花效果的重要影响因素。色彩学系统庞大，全面学习难度较大，本节整理了一些常见的传统色彩的搭配，供缠花学习者参考使用。

3.2.1 芳春

春天是大地复苏、万物生发的季节。芳春配色多用高明度的红、绿、黄色，这 3 种颜色比较容易让人联想到草长莺飞、花红柳绿的春日景观。本小节中的 6 组配色亮丽却不过于浓艳，能够给人以生机勃勃的色彩感受。

在缠花制作中，花鸟是常见的造型主题之一，而春日正好是百花齐放的时节。接下来介绍 6 组芳春配色，用好了这几组配色，能够增加缠花作品中的花鸟意趣。

1. 立春（RGB 值：240,144,138；170,207,82；244,222,213）

"东风吹散梅梢雪，一夜挽回天下春。"立春是二十四节气之首，也是春季的开始，又称打春。打春日后，严冬消退，阳气升发。立春配色选取了鲜嫩的红、绿、黄3色，以亮眼的暖色为主，给人花草生发之感。

	色调(E): 2	红(R): 240
	饱和度(S): 185	绿(G): 144
颜色|纯色(O)	亮度(L): 178	蓝(U): 138

	色调(E): 52	红(R): 170
	饱和度(S): 136	绿(G): 207
颜色|纯色(O)	亮度(L): 136	蓝(U): 82

	色调(E): 12	红(R): 244
	饱和度(S): 140	绿(G): 222
颜色|纯色(O)	亮度(L): 215	蓝(U): 213

立春配色适合用在花草造型的缠花中。右图所示为合欢花造型的缠花，立春配色令合欢花娇态尽显，生意盎然。

2. 雨水（RGB 值：127,178,67；201,178,0；207,220,41）

	色调(E):	58	红(R):	127
	饱和度(S):	109	绿(G):	178
颜色|纯色(O)	亮度(L):	115	蓝(U):	67

	色调(E):	35	红(R):	201
	饱和度(S):	240	绿(G):	178
颜色|纯色(O)	亮度(L):	95	蓝(U):	0

	色调(E):	43	红(R):	207
	饱和度(S):	173	绿(G):	220
颜色|纯色(O)	亮度(L):	123	蓝(U):	41

雨水这一节气的特征是降雨开始，雨量增多。在雨水时节，由于气温回升，大量雨水加上融化的积雪，为越冬植物提供了良好的生长条件，这时也是农家播种的最佳时机，故而有"春种一粒粟，秋收万颗子"等诗句。

雨水配色由新绿色和亮度不同的两种黄色组成，绿色代表雨水时节初冒尖的植物，黄色则含有作物丰收的美好寓意，体现了雨水这一节气对农家的重要意义。

雨水配色适用于植物造型的缠花。左图所示的"燕子柳叶"作品就使用了这一配色，黄绿配色不仅符合柳叶本身的颜色与形态，将柳叶的颜色、层次生动地呈现了出来，还展现出了柳叶卓然的生命力，也为在柳叶间停驻的燕子增加了几分灵动感。制作者通过一副小巧精致的缠花，将春回大地后，群燕辞归、大雁北翔的风光带到了人们眼前。

3. 惊蛰（RGB 值：170,207,82；210,204,230；0,166,114）

	色调(E):	52	红(R):	170
	饱和度(S):	136	绿(G):	207
颜色|纯色(O)	亮度(L):	136	蓝(U):	82

	色调(E):	169	红(R):	210
	饱和度(S):	82	绿(G):	204
颜色|纯色(O)	亮度(L):	204	蓝(U):	230

	色调(E):	107	红(R):	0
	饱和度(S):	240	绿(G):	166
颜色|纯色(O)	亮度(L):	78	蓝(U):	114

惊蛰，又名启蛰，反映的是万物受节律萌化生长的现象。惊蛰代表着仲春时节的到来，这一时节，春雷初鸣，昆虫萌动，农家忙于春翻、施肥、灭虫。

惊蛰配色由嫩绿、墨绿和淡紫色组成。两种绿色寓意万物快速生长，而冷色调的淡紫色则代表惊蛰时节苏醒活动的千鸟万虫。惊蛰配色可用于以花鸟为主体的缠花。

	色调(E):	37	红(R):	255		
	饱和度(S):	240	绿(G):	245		
颜色|纯色(O)	亮度(L):	173	蓝(U):	113		

	色调(E):	43	红(R):	207		
	饱和度(S):	173	绿(G):	220		
颜色|纯色(O)	亮度(L):	123	蓝(U):	41		

	色调(E):	236	红(R):	236		
	饱和度(S):	184	绿(G):	110		
颜色|纯色(O)	亮度(L):	163	蓝(U):	123		

4. 春分 (RGB值: 255, 245, 113; 207, 220, 41; 236, 110, 123)

"春分者，阴阳相半也。故昼夜均而寒暑平。"春分是农耕上一个意义重大的节气，它位于春季的中间，此时昼夜长度持平。春分日过后，北半球昼渐长而夜渐短，南半球反之。

春分配色由暖色构成，以展现草木欣欣向荣之意。这组配色给人的视觉效果较为映丽明朗，适用于展示以花鸟、建筑等为主体的缠花。

	色调(E):	43	红(R):	207		
	饱和度(S):	173	绿(G):	220		
颜色|纯色(O)	亮度(L):	123	蓝(U):	41		

	色调(E):	40	红(R):	247		
	饱和度(S):	181	绿(G):	247		
颜色|纯色(O)	亮度(L):	209	蓝(U):	198		

	色调(E):	43	红(R):	207		
	饱和度(S):	173	绿(G):	220		
颜色|纯色(O)	亮度(L):	122	蓝(U):	40		

5. 清明 (RGB值: 207, 220, 41; 247, 247, 198; 207, 220, 40)

清明后春日明媚，草木青青，桃李浓艳，农家也开始准备农耕，自古便有"清明前后，种瓜点豆"的俗语。春秋时期，晋文公将寒食的后一日定为清明节，于是清明从节气变成了祭奠先祖的传统节日，并演变成为中华民族的传统习俗流传至今。

清明配色整体呈现黄绿色，既象征着暖日融融、花草袭人，又暗含了追思先祖、悼念逝人的寓意。

整体而言，清明配色较为素而不冷，清而不厉，适用于形象较为柔和、设计简单大方的缠花。左图所示为用缠花制作的四叶草，四叶草叶片圆润、少棱角，结构也比较简单，没有过于繁复的设计，3 朵四叶草既具有层次感，又显得轻巧可爱。

6. 谷雨（RGB 值：110,200,226；240,131,31；170,207,82）

	色调(E): 129	红(R): 110
颜色|纯色(O)	饱和度(S): 160	绿(G): 200
	亮度(L): 158	蓝(U): 226

	色调(E): 19	红(R): 240
颜色|纯色(O)	饱和度(S): 210	绿(G): 131
	亮度(L): 128	蓝(U): 31

	色调(E): 52	红(R): 170
颜色|纯色(O)	饱和度(S): 136	绿(G): 207
	亮度(L): 136	蓝(U): 82

谷雨是春季的最后一个节气，在这个时节，作物大多已完成播种，秧苗初插，需要雨水的滋养。古人说"春雨贵如油"，因此，谷雨也有"雨生百谷"的寓意。

谷雨配色由蓝、黄、绿 3 色构成，蓝色象征雨水，黄色则让人联想到丰实的作物，绿色则暗喻秧苗长势喜人，给人以生机与希望。谷雨配色适用于以自然景观为主体的缠花。

3.2.2 长夏

长夏炎炎，土润溽暑。长夏配色中，黄色和红色出现的频率很高，尤其是红色，它常给人以热烈奔放的感觉，即使是较浅的红色也显得明丽娇艳，十分夺目。接下来详细介绍 6 组长夏配色，这 6 组配色可用于制作花草等华丽繁复的缠花。

1. 立夏（RGB 值：113,199,212；255,232,147；240,211,0）

	色调(E): 125	红(R): 113
颜色|纯色(O)	饱和度(S): 128	绿(G): 199
	亮度(L): 153	蓝(U): 212

	色调(E): 31	红(R): 255
颜色|纯色(O)	饱和度(S): 240	绿(G): 232
	亮度(L): 189	蓝(U): 147

	色调(E): 35	红(R): 240
颜色|纯色(O)	饱和度(S): 240	绿(G): 211
	亮度(L): 113	蓝(U): 0

立夏是夏季节气之首，是从春季向夏季转变的节气，也昭示着夏季的正式到来。立夏的"夏"意为"大"，是指在春天播种的作物已经直立长大，此时在气候、温度和雨量上都有明显的提升，农作物也进入旺盛生长的季节。立夏有三候：一候蝼蝈鸣，二候蚯蚓出，三候王瓜生。这是立夏日万物生命力旺盛的表现。

立夏配色包括一种蓝色和两种黄色，蓝色象征立夏后渐增的雷雨，黄色则给人以温暖的感觉。

	色调(E): 29	红(R): 253
	饱和度(S): 234	绿(G): 212
颜色|纯色(O)	亮度(L): 168	蓝(U): 105

	色调(E): 232	红(R): 238
	饱和度(S): 181	绿(G): 134
颜色|纯色(O)	亮度(L): 175	蓝(U): 154

	色调(E): 5	红(R): 233
	饱和度(S): 194	绿(G): 71
颜色|纯色(O)	亮度(L): 132	蓝(U): 48

	色调(E): 33	红(R): 253
	饱和度(S): 240	绿(G): 208
颜色|纯色(O)	亮度(L): 119	蓝(U): 0

	色调(E): 31	红(R): 255
	饱和度(S): 240	绿(G): 232
颜色|纯色(O)	亮度(L): 189	蓝(U): 147

	色调(E): 13	红(R): 237
	饱和度(S): 201	绿(G): 110
颜色|纯色(O)	亮度(L): 136	蓝(U): 52

2. 小满（RGB值: 253,212,105; 238,134,154; 233,71,48）

"小满大满江河满"，小满这一节气昭示着炎夏的到来，此后会气温陡增，降水增多，因此有小满"一候苦菜秀，二候靡草死，三候麦秋至"的说法。此时麦类等夏熟农作物颗粒饱满但尚未成熟，物至于此，小得盈满。

小满配色由一种黄色和两种红色组成，为表达小满气温骤增的特点，红色的占比增加，在视觉上效果更加强烈，较芳春配色更显艳丽。

3. 芒种（RGB值: 253,208,0; 255,232,147; 237,110,52）

芒种又称"忙种"，从字面上可以理解为"有芒之谷类作物可种"，也是一个重要节气。芒种时，气温同雨水量齐增，大部分的农业生产都处于"夏收、夏种、夏管"的"三夏"大忙季节。

芒种配色主要由黄色和橘色构成，色调温暖，对比鲜明，在使用时能够突出缠花各部件的层次感，适用于花瓣等可展现渐变效果的缠花。

左图所示为以缠花工艺制作的兰花，3 种颜色共同用于展现兰花娇艳欲滴的盛放姿态，表现了其如盛夏般的强大生命力。

4. 夏至（RGB 值：254,221,120；238,133,147；71,148,208）

夏至是最早确定的节气，也是一个具有转折意义的重要节气，民间流传着许多同夏至相关的俗语，如"不过夏至不热""夏至三庚数头伏"。夏至日，太阳直射位置到达最北端，北半球昼长达到最大值，但夏至一过，便阴气始生，阳气衰退。

夏至配色由对比鲜明的黄、红、蓝 3 色构成，各个颜色鲜亮生动，饱和度较高，代表盛夏暑气炽盛。

颜色 纯色(O)	色调(E)	30	红(R)	254
	饱和度(S)	236	绿(G)	221
	亮度(L)	176	蓝(U)	120

颜色 纯色(O)	色调(E)	235	红(R)	238
	饱和度(S)	181	绿(G)	133
	亮度(L)	175	蓝(U)	147

颜色 纯色(O)	色调(E)	138	红(R)	71
	饱和度(S)	142	绿(G)	148
	亮度(L)	131	蓝(U)	208

5. 小暑（RGB 值：250,206,167；236,110,101；238,134,154）

暑是炎热的意思，小暑意味着天气开始变得炎热。因此，小暑配色仍以黄色、红色为主，并通过饱和度和亮度的不同拉开颜色的差别，既有层次又对比昭然。

颜色 纯色(O)	色调(E)	19	红(R)	250
	饱和度(S)	214	绿(G)	206
	亮度(L)	196	蓝(U)	167

颜色 纯色(O)	色调(E)	3	红(R)	236
	饱和度(S)	187	绿(G)	110
	亮度(L)	159	蓝(U)	101

颜色 纯色(O)	色调(E)	232	红(R)	238
	饱和度(S)	181	绿(G)	134
	亮度(L)	175	蓝(U)	154

6. 大暑（RGB 值：227,82,77；237,121,120；253,208,0）

俗语有言："小暑大暑，上蒸下煮。"大暑是夏季最后一个节气，也是一年中最为炎热的时节。大暑配色的构成同小暑配色相似，但亮度更低，视觉效果更为鲜艳。

右图所示是名为"卡纸凤凰"的缠花，大暑配色鲜艳欲滴，用在凤凰华丽无双的鸟羽上更显得凤凰神气夺目。

颜色 纯色(O)	色调(E)	1	红(R)	227
	饱和度(S)	175	绿(G)	82
	亮度(L)	143	蓝(U)	77

颜色 纯色(O)	色调(E)	0	红(R)	237
	饱和度(S)	184	绿(G)	121
	亮度(L)	168	蓝(U)	120

颜色 纯色(O)	色调(E)	33	红(R)	253
	饱和度(S)	240	绿(G)	208
	亮度(L)	119	蓝(U)	0

3.2.3 九秋

　　金秋时分，五谷丰登。秋季总让人联想到农家收获的景象，同时还有"金秋"的美称。因此，在九秋配色中，深浅各异的黄色成了主角，同其他颜色进行丰富的搭配。接下来介绍 6 组九秋配色。

色调(E): 57	红(R): 99	
饱和度(S): 63	绿(G): 120	
颜色|纯色(O)	亮度(L): 89	蓝(U): 70

色调(E): 33	红(R): 217	
饱和度(S): 147	绿(G): 196	
颜色|纯色(O)	亮度(L): 147	蓝(U): 96

色调(E): 15	红(R): 176	
饱和度(S): 109	绿(G): 107	
颜色|纯色(O)	亮度(L): 114	蓝(U): 66

1. 立秋（RGB 值：99,120,70；217,196,96；176,107,66）

　　立秋代表时节由夏转秋，有"暑去凉来"之意。立秋有三候："一候凉风至，二候白露生，三候寒蝉鸣。"立秋配色由一种绿色和两种黄色共同构成，颜色表现相对朴素，与鲜艳的长夏配色区分开来，表明季节的更迭。

色调(E): 173	红(R): 97	
饱和度(S): 89	绿(G): 70	
颜色|纯色(O)	亮度(L): 105	蓝(U): 153

色调(E): 9	红(R): 191	
饱和度(S): 150	绿(G): 77	
颜色|纯色(O)	亮度(L): 111	蓝(U): 44

色调(E): 6	红(R): 232	
饱和度(S): 196	绿(G): 57	
颜色|纯色(O)	亮度(L): 123	蓝(U): 29

2. 处暑（RGB 值：97,70,153；191,77,44；232,57,29）

　　"处"有"终止、躲藏"之意，处暑即炎夏结束。处暑日到来时，通常三伏已过或近尾声，昼夜温差大，白日炎热，夜晚清凉，且时有秋雨降临。

　　处暑配色由蓝、橙、红 3 色组成，颜色深重，饱和度高，亮度却不高，代表暑气将尽。

色调(E): 102	红(R): 156	
饱和度(S): 48	绿(G): 189	
颜色|纯色(O)	亮度(L): 162	蓝(U): 174

色调(E): 57	红(R): 99	
饱和度(S): 63	绿(G): 120	
颜色|纯色(O)	亮度(L): 89	蓝(U): 70

色调(E): 31	红(R): 182	
饱和度(S): 135	绿(G): 152	
颜色|纯色(O)	亮度(L): 110	蓝(U): 51

3. 白露（RGB 值：156,189,174；99,120,70；182,152,51）

　　白露表示孟秋时节的结束和仲秋时节的开始，是反映自然界气温变化的重要节气，此时也是昼夜温差最大的时候。白露时节，鸿雁南飞，百鸟也开始储备过冬的干粮，农家忙于收获庄稼，民间所说的"抢秋"便是指这个时节忙收的景象。

　　白露配色由两种绿色和一种暗黄色构成，浅绿色近月白，通透如白露未晞，深绿色与暗黄色则有五谷丰登之意。

4. 秋分（RGB 值：235,98,59；178,109,8；255,215,0）

秋分，又称降分。秋分日昼夜等长，气温逐日下降，水始涸。民间有扫墓祭祖的习俗，称为"秋祭"。秋分配色由深浅各异的 3 种黄色构成，既贴合了植物由绿转黄的物候，同时也含有作物丰收之意。

色调(E)：	9	红(R)：	235	
饱和度(S)：	196	绿(G)：	98	
颜色|纯色(O)	亮度(L)：	138	蓝(U)：	59

色调(E)：	24	红(R)：	178	
饱和度(S)：	219	绿(G)：	109	
颜色|纯色(O)	亮度(L)：	88	蓝(U)：	8

色调(E)：	34	红(R)：	255	
饱和度(S)：	240	绿(G)：	215	
颜色|纯色(O)	亮度(L)：	120	蓝(U)：	0

5. 寒露（RGB 值：158,79,30；253,210,62；210,132,59）

寒露时节，气温比白露时更低，晨晚略感寒意。在二十四节气中，白露、寒露和霜降都有表示水汽凝结的现象之意，其中寒露是气候从凉爽变为寒冷的过渡。寒露配色朴素而不沉闷，明亮的黄色恰与寒露时绽放的秋菊相搭配。

色调(E)：	15	红(R)：	158	
饱和度(S)：	163	绿(G)：	79	
颜色|纯色(O)	亮度(L)：	88	蓝(U)：	30

色调(E)：	31	红(R)：	253	
饱和度(S)：	235	绿(G)：	210	
颜色|纯色(O)	亮度(L)：	148	蓝(U)：	62

色调(E)：	19	红(R)：	210	
饱和度(S)：	150	绿(G)：	132	
颜色|纯色(O)	亮度(L)：	127	蓝(U)：	59

6. 霜降（RGB 值：198,22,30；0,140,211；0,142,147）

霜降是秋季的最后一个节气，昭示着秋天即将结束，大地将进入冬日。霜降不是指降霜，而是表示天气寒冷，大地将产生初霜的现象。霜降配色以偏暗的正红色和蓝、绿两个冷色构成，暗喻秋日将尽，寒冷漫长的冬季将近。

色调(E)：	238	红(R)：	198	
饱和度(S)：	192	绿(G)：	22	
颜色|纯色(O)	亮度(L)：	104	蓝(U)：	30

色调(E)：	133	红(R)：	0	
饱和度(S)：	240	绿(G)：	140	
颜色|纯色(O)	亮度(L)：	99	蓝(U)：	211

色调(E)：	121	红(R)：	0	
饱和度(S)：	240	绿(G)：	142	
颜色|纯色(O)	亮度(L)：	69	蓝(U)：	147

3.2.4 隆冬

提起隆冬，人们常常只能想到万物凋残，银装素裹。其实隆冬的色彩也有许多，搭配更是花样百出。接下来介绍 6 组素净却不过分沉闷的隆冬配色。

色调(E): 123	红(R): 0	
饱和度(S): 240	绿(G): 174	
颜色|纯色(O) 亮度(L): 88	蓝(U): 187	

色调(E): 33	红(R): 255	
饱和度(S): 240	绿(G): 242	
颜色|纯色(O) 亮度(L): 207	蓝(U): 184	

色调(E): 92	红(R): 187	
饱和度(S): 86	绿(G): 223	
颜色|纯色(O) 亮度(L): 193	蓝(U): 198	

1. 立冬（RGB 值: 0, 174, 187; 255, 242, 184; 187, 223, 198）

立冬意味着生气开始闭蓄，万物进入休养、收藏状态，此时的气候从少雨干燥转为阴雨寒冻。立冬有三候："水始冰，地始冻，雉入大水为蜃。"意思是水面已经能凝结成冰，土地也逐渐冻结，野鸡、大型鸟类已不多见，海边出现了与野鸡相似的大蛤。

立冬配色以冷色调为主，颜色清浅素净，给人以冷冽之感，恰与初冬予人的感受相合。

色调(E): 39	红(R): 240	
饱和度(S): 204	绿(G): 235	
颜色|纯色(O) 亮度(L): 145	蓝(U): 69	

色调(E): 134	红(R): 0	
饱和度(S): 240	绿(G): 123	
颜色|纯色(O) 亮度(L): 88	蓝(U): 187	

色调(E): 124	红(R): 0	
饱和度(S): 240	绿(G): 166	
颜色|纯色(O) 亮度(L): 87	蓝(U): 185	

2. 小雪（RGB 值: 240, 235, 69; 0, 123, 187; 0, 166, 185）

小雪日后，虹藏不见，天气上升，地气下降，天地闭塞，进入严冬，黄河以北地区甚至会降雪。小雪配色以黄蓝为主，两色对比鲜明，给人以庄重之感。

左图所示的"龙宝宝"缠花就使用了小雪配色，黄色的龙身显示威严，龙头、龙尾使用两种蓝色，层次鲜明，凸显了设计的精致，此外还点缀了纯白的装饰珠，整个作品简约而不失奢华。

3. 大雪（RGB 值：0,123,187；187,223,198；125,70,152）

大雪同小雪、雨水、谷雨等节气一样，都是反映降水的节气。此时天气已经十分寒冷，部分地区甚至会落下暴雪。一方面，寒冷的天气抑制了生物的生长，另一方面，积雪之下，冬小麦也能保温保湿，从而为之后的丰收奠定基础。

大雪配色中的 3 色皆为冷色，深蓝和深紫给人以压抑的感觉，而唯一的浅色冷而不厉，3 色搭配使用，能够起到点亮画面的作用。

颜色|纯色(O)	色调(E)：134	红(R)：0
	饱和度(S)：240	绿(G)：123
	亮度(L)：88	蓝(U)：187

颜色|纯色(O)	色调(E)：92	红(R)：187
	饱和度(S)：86	绿(G)：223
	亮度(L)：193	蓝(U)：198

颜色|纯色(O)	色调(E)：187	红(R)：125
	饱和度(S)：89	绿(G)：70
	亮度(L)：104	蓝(U)：152

4. 冬至（RGB 值：240,133,0；81,34,115；251,206,124）

冬至日，天寒地冻，人们往往闭户不出，冬至从而成为一个走亲访友的节日。民间还有"肥冬瘦年"的说法，人们会在冬至这天举行贺冬、拜冬的活动，拜父母尊长，设家宴邀亲戚相贺。

冬至配色由黄色、紫色构成。黄紫二色在色谱中为互补色，搭配使用时能够加强色彩的对比，增强距离感，运用得当时还能表现出特殊的平衡效果。黄、紫两色一暖一冷，正如寒冷的冬至日中蕴含的人文温情。

颜色|纯色(O)	色调(E)：22	红(R)：240
	饱和度(S)：240	绿(G)：133
	亮度(L)：113	蓝(U)：0

颜色|纯色(O)	色调(E)：183	红(R)：81
	饱和度(S)：130	绿(G)：34
	亮度(L)：70	蓝(U)：115

颜色|纯色(O)	色调(E)：26	红(R)：251
	饱和度(S)：226	绿(G)：206
	亮度(L)：176	蓝(U)：124

5. 小寒（RGB 值：0,130,92；186,227,249；23,120,159）

小寒是腊月迎春的一个节气，同大寒、小暑、大暑及处暑一样，都是表示气温冷暖变化的节气。小寒日标志着一年中最寒冷的日子将到来，民间有喝腊八粥、吃糯米饭等习俗。俗语云"过了腊八就是年"，小寒到来后，春节也就不远了。

小寒配色为两蓝一绿，虽然都是冷色，但小寒配色中的绿色较为鲜活，在蓝色的衬托下格外亮眼，正如冗长冬季里人们对年关将近、春节将至的期盼与向往。

颜色|纯色(O)	色调(E)：108	红(R)：0
	饱和度(S)：240	绿(G)：130
	亮度(L)：61	蓝(U)：92

颜色|纯色(O)	色调(E)：134	红(R)：186
	饱和度(S)：202	绿(G)：227
	亮度(L)：205	蓝(U)：249

颜色|纯色(O)	色调(E)：131	红(R)：23
	饱和度(S)：179	绿(G)：120
	亮度(L)：86	蓝(U)：159

色调(E): 137	红(R): 101
饱和度(S): 153	绿(G): 170
颜色|纯色(0)　亮度(L): 152	蓝(U): 221

色调(E): 131	红(R): 23
饱和度(S): 179	绿(G): 120
颜色|纯色(0)　亮度(L): 86	蓝(U): 159

色调(E): 209	红(R): 143
饱和度(S): 22	绿(G): 120
颜色|纯色(0)　亮度(L): 124	蓝(U): 138

6. 大寒（RGB 值：101,170,221；23,120,159；143,120,138）

大寒意味着四时的终结，也预示着新春的开始。大寒之后，便是立春，新一轮的节气将重新开始。大寒有三候："鸡始乳，征鸟厉疾，水泽腹坚。"意思是可以孵小鸡了；鹰隼等勇猛的飞禽需要强力捕食，以补充身体的能量、抵御严寒；而湖泊表面的冰已经坚实得一直冻到水面中央了。

大寒配色给人以厚重、坚韧之感，但三色在色彩表现效果上又有强弱之分，刚好呈现阶梯之势，暗喻冬日将尽，冰消之日即将到来。

3.2.5　八雅

我国传统的雅文化不仅是中华传统文化的一个重要符号，更是传统文人生活的缩影，人们从中总结出了八雅，即琴、棋、书、画、诗、酒、花、茶。接下来就以八雅为引，为大家介绍 8 组古色古香的色彩搭配。

色调(E): 43	红(R): 207
饱和度(S): 173	绿(G): 220
颜色|纯色(0)　亮度(L): 123	蓝(U): 41

色调(E): 205	红(R): 185
饱和度(S): 75	绿(G): 121
颜色|纯色(0)　亮度(L): 144	蓝(U): 177

色调(E): 232	红(R): 233
饱和度(S): 185	绿(G): 84
颜色|纯色(0)　亮度(L): 149	蓝(U): 113

1. 琴（RGB 值：207,220,41；185,121,177；233,84,113）

琴，即古琴，亦可泛指传统的弦乐器，在雅文化中代表传统的音律文化。伯牙与子期"高山流水"的佳话流传至今，仍然令无数文人心向往之。

这组配色由绿、紫、红 3 色构成，色彩鲜明华丽，既象征着琴文化包罗万千，又说明其在我国传统文化中留下了浓墨重彩的一笔。

2. 棋（RGB 值：211,58,26；156,134,107；248,182,0）

棋，在古时亦称弈。博弈的原意便是"下棋"，后来延伸出竞争、牟利之意。下棋是脑力和意念的较量，对弈双方往往要全神贯注，绞尽脑汁。因此古时也有"以棋风窥人品"的说法，对观棋者都有"观棋不语真君子"的要求，由此可见棋在古代文人生活中的重要地位。

棋文化配色选取了深浅不同的两种红色和一种较暗的黄色，艳丽而不失郑重，虽然给人以较强烈的视觉冲击，但凌厉之中并无肃杀之意，正如文人对弈时虽剑拔弩张，而在棋盘之外不应失君子之风。

	色调(E): 7	红(R): 211
颜色|纯色(O)	饱和度(S): 187	绿(G): 58
	亮度(L): 112	蓝(U): 26

	色调(E): 22	红(R): 156
颜色|纯色(O)	饱和度(S): 48	绿(G): 134
	亮度(L): 124	蓝(U): 107

	色调(E): 29	红(R): 248
颜色|纯色(O)	饱和度(S): 240	绿(G): 182
	亮度(L): 117	蓝(U): 0

3. 书（RGB值：163,13,20；230,42,138；234,87,3）

在中华文化中，书法是名家遍出的一个文化领域，晋代王羲之就被尊为"书圣"，他的《兰亭集序》被誉为"天下第一行书"，更有"墨池""入木三分"等妙闻佳话流传千古。

书文化配色由棕色、红色和橙色组成。3色皆为暖色，搭配使用能使画面和谐却又不失单调，正如古人以一副笔墨创造了行书、草书等字体，共同构成了百花齐放的文化图景，同时棕色色深而古朴，彰显了书文化的深厚底蕴。

	色调(E): 238	红(R): 163
颜色|纯色(O)	饱和度(S): 205	绿(G): 13
	亮度(L): 83	蓝(U): 20

	色调(E): 220	红(R): 230
颜色|纯色(O)	饱和度(S): 190	绿(G): 42
	亮度(L): 128	蓝(U): 138

	色调(E): 15	红(R): 234
颜色|纯色(O)	饱和度(S): 234	绿(G): 87
	亮度(L): 112	蓝(U): 3

4. 画（RGB值：230,38,124；239,147,187；177,23,53）

画即绘画，在古时亦称"丹青"。古时文人画的主题大多为山水、花鸟，也有许多描人状物的风俗画流传至今，如《清明上河图》。画文化配色艳丽而不失古意，在典雅华丽的缠花中皆可使用。

	色调(E): 222	红(R): 230
颜色|纯色(O)	饱和度(S): 190	绿(G): 38
	亮度(L): 126	蓝(U): 124

	色调(E): 223	红(R): 239
颜色|纯色(O)	饱和度(S): 178	绿(G): 147
	亮度(L): 182	蓝(U): 187

	色调(E): 232	红(R): 177
颜色|纯色(O)	饱和度(S): 185	绿(G): 23
	亮度(L): 94	蓝(U): 53

		色调(E): 34	红(R): 255
		饱和度(S): 240	绿(G): 240
颜色丨纯色(O)		亮度(L): 190	蓝(U): 149

		色调(E): 33	红(R): 253
		饱和度(S): 240	绿(G): 208
颜色丨纯色(O)		亮度(L): 119	蓝(U): 0

		色调(E): 73	红(R): 108
		饱和度(S): 100	绿(G): 187
颜色丨纯色(O)		亮度(L): 130	蓝(U): 90

5. 诗（RGB 值：255,240,149；253,208,0；108,187,90）

诗，最初是《诗经》的简称，后来泛指诗词作品。中华上下五千年的历史中，涌现了无数惊才绝艳的诗人、词人，他们留下了无数壮丽的诗篇。对古代文人而言，诗不仅是文学创作的体裁，更是文人自己的情趣与志向的寄托。

诗文化配色以黄绿为主，既能展现清新的文人情趣，也能将诗情画意具象化。这组配色清丽而雅致，在制作古色古香的缠花配饰、摆件时都可以使用。

		色调(E): 238	红(R): 234
		饱和度(S): 187	绿(G): 87
颜色丨纯色(O)		亮度(L): 151	蓝(U): 93

		色调(E): 29	红(R): 248
		饱和度(S): 240	绿(G): 182
颜色丨纯色(O)		亮度(L): 117	蓝(U): 0

		色调(E): 226	红(R): 173
		饱和度(S): 240	绿(G): 0
颜色丨纯色(O)		亮度(L): 81	蓝(U): 62

6. 酒（RGB 值：234,87,93；248,182,0；173,0,62）

我国酒文化源远流长，不仅名酒荟萃，而且好酒者甚众，其中不乏名家，如阮籍、刘伶都因钟情于酒而发生了不少津津乐道的趣事。

酒可暖身，亦可壮胆，因此这一组配色皆为暖色。较为鲜亮的红色近似酡红，即人饮酒后在面颊上浮现的红色。黄色代指酿酒所用的高粱等作物。世界上最古老的酒是黄酒，其酒色也是暗黄的。而深红则象征着千年来酒文化的层层积淀，醇厚而浓丽。

		色调(E): 33	红(R): 253
		饱和度(S): 240	绿(G): 208
颜色丨纯色(O)		亮度(L): 119	蓝(U): 0

		色调(E): 150	红(R): 66
		饱和度(S): 105	绿(G): 91
颜色丨纯色(O)		亮度(L): 110	蓝(U): 168

		色调(E): 2	红(R): 233
		饱和度(S): 191	绿(G): 71
颜色丨纯色(O)		亮度(L): 139	蓝(U): 63

7. 花（RGB 值：253,208,0；66,91,168；233,71,63）

花是自然的造物，兼具美丽的外形和天地的灵气，自古以来就受到文人的喜爱。文人在花中寄托自己的品格与志趣，也在各种艺术作品中描绘花的形态。

花种类繁多，颜色丰富，因此这一组配色十分丰富，兼有冷、暖二色，而且黄色、蓝色、红色都是花中常见的颜色，在制作花草类的缠花时可以使用该组配色。

右图所示的缠花名为"金玉满堂",黄色的叶片和红、蓝、黄3色构成的金鱼相映成趣,颜色鲜艳生动,富于动态。

8. 茶(RGB 值: 170,207,82; 243,152,0; 102,191,151)

中国是茶的故乡,中国人饮茶的习惯最早可以追溯到神农时代,而且中国很早就有采茶、炒茶、煎茶等技艺。中国各地区名品茶叶频出,为茶文化的发展提供了物质基础。围绕着"茶",人们还探索出了茶道、茶德等一系列文化脉络,这些共同构成了博大精深的茶文化。

这一组配色清淡,绿、黄二色贴近茶叶与茶汤的底色和质感,既清新自然,又给人以清幽之感。

颜色 | 纯色(O)	色调(E): 52	红(R): 170
	饱和度(S): 136	绿(G): 207
	亮度(L): 136	蓝(U): 82

颜色 | 纯色(O)	色调(E): 25	红(R): 243
	饱和度(S): 240	绿(G): 152
	亮度(L): 114	蓝(U): 0

颜色 | 纯色(O)	色调(E): 102	红(R): 102
	饱和度(S): 98	绿(G): 191
	亮度(L): 138	蓝(U): 151

第 4 章

缠花制作的
基础训练

第 3 章介绍了缠花的基础手法和常
见的传统色彩的搭配，本章将从实际制
作的角度出发，通过介绍 4 款简单的
缠花造型，详细梳理缠花的制作过程。

4.1 单片卡纸小雏菊的制作

第一款缠花的造型是小雏菊，此款缠花对于初学者来说相对简单，主要运用单片缠花手法。初学者需要在反复缠制花瓣的过程中掌握方法和要领，让每片花瓣的表面平整，不出现脱线的情况。

4.1.1 雏菊花瓣的制作

小雏菊造型的缠花主要由花瓣和花蕊两个部分构成，为了让雏菊更加立体，需制作 30 片左右的花瓣，这对初学者而言是个不错的练习机会，初学者可以在制作过程中掌握具体的手法，熟悉缠制的要领。

1. 制作材料及工具

- 白色蚕丝线
- 白卡纸
- 剪刀
- 30 号丝网花铁丝
- 碳素笔
- 白乳胶

2. 花瓣的制作

01

取白色蚕丝线进行劈丝，将劈丝后的蚕丝线合在一起备用。

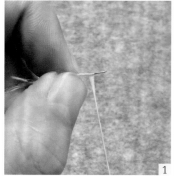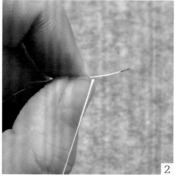

02

用白色蚕丝线起头。左手持30号丝网花铁丝（以下简称"铁丝"），在铁丝的一端预留1cm的长度，将经过劈丝处理的蚕丝线沿铁丝向端口一侧缠绕，在缠绕至接近端口处时改变方向，向铁丝另一端缠绕。

03

用碳素笔在白卡纸上画出细长的
水滴形状，并用剪刀裁剪下来。
准备30个同样的水滴形状。

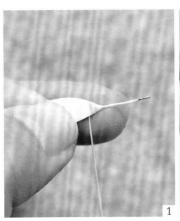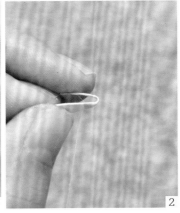

04

用手指固定卡纸，用白色蚕丝线
沿卡纸边缘均匀缠绕，缠绕时注
意蚕丝线要严密覆盖卡纸，不要
让卡纸从丝线的间隙中露出。缠
绕了0.3cm时，将端口一侧的铁
丝弯折到卡纸背后，继续用蚕丝
线缠绕。

05

用蚕丝线缠绕整片卡纸，继续在铁丝上缠一段后用白乳胶固定收尾处，待白乳胶风干后该片花瓣便制作
完成了。一共制作30片花瓣备用。

4.1.2 小雏菊的组装

在完成 30 片花瓣的制作后，就可以进行组装了。下面介绍如何将花瓣和花蕊组装成完整的小雏菊。

1. 制作材料及工具

- 自制花蕊
- 白色、绿色的蚕丝线
- 酒精胶
- 无纺布
- 剪刀

2. 小雏菊的组合

01

事先准备好一枚长30cm、宽3mm的由卡纸条做成的卡纸条花蕊（制作方法参考第2章的"装饰花蕊"部分），取一片制作完成的花瓣用白色蚕丝线将花蕊和花瓣的铁丝固定在一起。

02

按照相同的方法围绕花蕊添加一圈花瓣，注意花瓣间要留有一定的间隔。

03

在第1层花瓣的间隙中添加第2层花瓣，并用绿色蚕丝线将花瓣末端的铁丝固定住，在花瓣根部涂上酒精胶以将花瓣固定得更牢。

04

准备一块圆环形无纺布，用剪刀在圆环上剪出一个缺口。

05

将缠好的小雏菊倒过来，在花瓣根部套上带缺口的无纺布片，并取绿色蚕丝线将所有的铁丝包裹在一起做成小雏菊的茎，即完成一枝小雏菊的制作。

4.2　多片卡纸花朵的制作

　　上一节中介绍的小雏菊是单片卡纸花朵的典型代表，除单片卡纸花朵外，一些特殊的花朵需要由多片卡纸构成一片花瓣。不同花朵的花瓣所需卡纸的数量、类型不同，缠制的顺序也不同，本节将介绍 3 种多片卡纸花朵的制作方法。

4.2.1　绣球花的制作

　　绣球花造型的缠花是由若干朵绣球小花构成的，每朵绣球小花又由 4 组花瓣组成，每组花瓣有两片对称的花瓣。本小节将介绍两片式的缠绕手法。

1. 制作材料及工具

- 白卡纸
- 剪刀
- 30 号丝网花铁丝
- 碳素笔
- 渐变色的蚕丝线
- 直径为 2mm 的装饰珍珠

2. 绣球花的制作

01

用碳素笔在白卡纸上画出花瓣的图样，每片花瓣从中分为两半，用剪刀裁剪下来，按照左图所示的样子摆放。

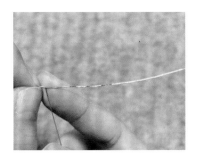

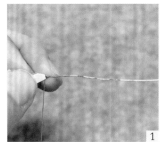

02

取一根加捻后的蚕丝线先劈丝再合并，左手持少许蚕丝线和一根铁丝，右侧预留5cm左右的长度。

03

将蚕丝线自左向右缠绕约1cm，再自右向左缠绕，蚕丝线应完全覆盖从左向右缠绕的部分，将预留出的铁丝向左卷成圈以便缠线，缠绕完铁丝后加入白卡纸继续缠绕。

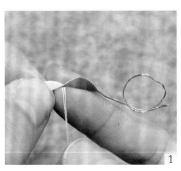

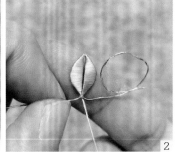

04

缠好一片后，加入第2片卡纸、注意应使其同缠好的第1片卡纸首尾相接，中间不留缝隙。每缠完两片后便将其合并，用蚕丝线在铁丝相交处缠绕几圈以固定。

05

参考第3、第4步，依次加入白卡纸，直至4组花瓣全部缠绕完毕。

06

将花朵底部的两根铁丝中的任意一根翻折上来，穿入直径为2mm的装饰珍珠，铁丝向对角方向拉紧并翻折回花朵底部，以固定珍珠。

07

参考上述步骤，重复制作若干朵绣球小花。将若干朵绣球小花底部的铁丝组合、固定成一簇，即得到绣球花。

4.2.2 桔梗花的制作

桔梗花造型的缠花由 5 组花瓣构成，每组花瓣又由形状各异的 3 片花瓣组成，需要采用 3 片式的缠绕手法，然后以串联的方式将每组花瓣依次缠绕和组合起来，形成一朵立体的桔梗花。

1. 制作材料及工具

- 白卡纸
- 剪刀
- 30 号丝网花铁丝
- 碳素笔
- 紫色的蚕丝线
- 石膏花蕊

2. 桔梗花的制作

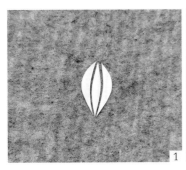 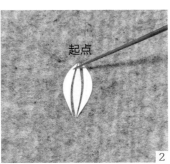

起点

01

用碳素笔在白卡纸上画出 3 片花瓣的图样，用剪刀裁剪下来，按照如左图所示的样子摆放，明确缠绕的方向与次序。

02

取一根加捻后的蚕丝线，先劈丝再合并。左手持少许蚕丝线和一根铁丝，铁丝右侧预留 10cm 左右的长度，完成起头后加入白卡纸开始缠绕。

03

将预留的铁丝卷曲成圈以便缠线。以串联的方式加入第2片白卡纸并继续缠绕，白卡纸首尾相接，不留间隙，缠完后将两根铁丝固定在一起。

04

将两根铁丝一同置于第3片白卡纸背面，继续缠绕并固定。

05

将多余的蚕丝线从第1、第2片花瓣中间穿过并拉紧，使其更加牢固。制作5组这样的花瓣。

06

取若干石膏花蕊，用蚕丝线在花蕊根部缠绕几圈，将其固定在一起。

07

将5组缠制完成的花瓣组合起来，在其中心加入石膏花蕊，将花瓣和花蕊的铁丝固定在一起，向外弯折花瓣的尖端，适当调整造型。

4.2.3 鸡蛋花的制作

　　鸡蛋花造型的缠花由 5 组花瓣组成，每组花瓣分为 4 片，两两左右对称。鸡蛋花花瓣的缠绕次序同前两个案例不同，是由内向外缠绕的。本小节将演示 4 片式的缠绕手法。

1. 制作材料及工具

- ●白卡纸
- ●笔
- ●剪刀
- ●30 号丝网花铁丝
- ●浅蓝色蚕丝线
- ●石膏花蕊

2. 鸡蛋花的制作

01

在白卡纸上画出4片花瓣的图样，用剪刀裁剪下来，按照如上图所示的样子摆放，明确缠绕的方向与次序。

02

在铁丝一端预留出5cm的长度并将其卷曲成圈以便缠线，用蚕丝线在铁丝上完成起头后加入白卡纸1，依照图示的方向进行缠绕。

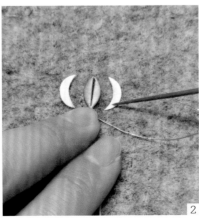

03

以两片式的手法完成中间两片花瓣的缠绕，缠好后收拢花瓣，在铁丝相交处缠绕几圈以固定。

04

加入第3片白卡纸继续缠绕，缠好后收拢花瓣，将多余的蚕丝线从中间两片花瓣的缝隙中穿过并拉紧。

05

加入第4片白卡纸，缠好后收拢花瓣，用蚕丝线在底部缠绕几圈以固定。制作5组这样的花瓣。

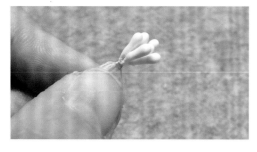 

06

取若干石膏花蕊，用蚕丝线在石膏花蕊的底部缠绕几圈，将其固定。

07

将5组缠绕完成的花瓣组合起来，在其中心加入石膏花蕊，适当调整造型。

4.3 注意事项

缠花制作过程中的注意事项如下。

◎起头手法是固定的，但是铁丝右侧预留的长度需要根据不同的情况而定。

◎双数片的缠绕，其开始缠绕和结束缠绕处应居于同一侧。

◎单数片的缠绕，其开始缠绕和结束缠绕处应居于相对的两侧。

◎在缠绕形状不规则的单数片时，要注意选择从哪一端开始缠。

5.1.1 渐变小花的制作

渐变小花的缠绕方式和前文中提及的相同，但在绘制图样时要注意不同花型的不同画法。

1. 制作材料及工具

- 白卡纸
- 碳素笔
- 剪刀
- 30 号丝网花铁丝
- 蚕丝线
- 一盘清水

- 笔刷
- 红色染料
- 纸巾
- 圆蜡线
- 白乳胶
- 圆嘴钳

- 筷子
- 打火机
- 成品铜制花蕊
- 手工钳
- 装饰珍珠

2. 小花的制作

01

用碳素笔在白卡纸上绘制5瓣花的图样，注意绘制时，花瓣形状应较为圆润，内外侧保持对称，绘制完成后用剪刀沿线裁剪，将每片花瓣裁剪成两半，经裁剪后得到5组、共10片卡纸。

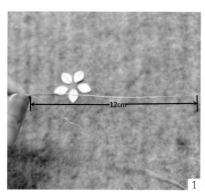

02

取适量铁丝，将其一端弯折，弯折长度约为12cm，再用蚕丝线缠绕起头。

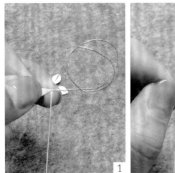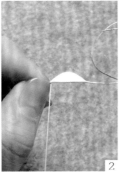

03

取一片半片花瓣的卡纸,将细窄的一头对准铁丝起头的一端,置于铁丝之上,用左手握紧卡纸以固定,右手将蚕丝线沿卡纸向左均匀缠绕,得到半片花瓣。

04

取一片卡纸,使花瓣的首尾相接,注意中间不要留空隙,适当弯折铁丝,使两边的花瓣相对。用蚕丝线进行缠绕,使其成为一片完整且对称的花瓣,完成后将两片花瓣并拢,成为完整的一片花瓣。

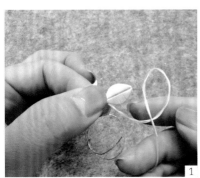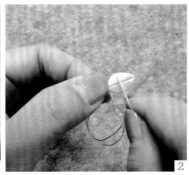

05

右手取蚕丝线绕成圆环穿过整片花瓣打结,重复打结2~3次,使其牢固。

06

将铁丝弯折,在折角处添加新的卡纸,使用相同的缠绕方法,进行第2片花瓣的缠制。

07

将5片花瓣缠完并收尾,余下的蚕丝线留用,调整花瓣的整体分布。

3. 染色

01

取清水，笔刷蘸清水后轻刷花瓣的正反面，将其打湿。

02

在清水中加入少量红色染料，调稀后用笔刷蘸染料，不规则地涂抹花瓣，可以将局部涂深，使花瓣颜色更具层次感，注意背面也要浸染。多余水分可用纸巾小心蘸取，染色完毕后将小花放置晾干。

03

使用相同的方法制作6朵染色小花。

4. 丝线花蕊小花及其花茎的制作

01

将若干圆蜡线组合成花蕊，取一朵染色小花与之组合。

02

用蚕丝线缠绕铁丝，制作花茎，在花茎底部涂抹适量的白乳胶以固定蚕丝线。

03

使用圆嘴钳夹住铁丝并拧动，制作弹簧状的花茎，注意保持铁丝的旋转幅度一致。

04

用筷子较圆的一头的侧面抵住花瓣并按压，使花瓣弯曲，这样看起来更加接近花朵的真实形态。

05

用打火机小心地燎一下花蕊，使花蕊顶端呈圆球状，这样丝线花蕊小花就制作完成了。

06

用同样的方法制作3朵丝线花蕊小花。

5. 铜蕊小花的制作

01

取一个成品铜制花蕊，用手工钳夹住花蕊进行弯折，使花蕊呈现出错落的姿态。

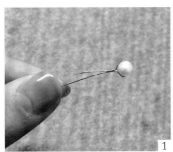

02

取一截30号丝网花铁丝，将其穿过装饰珍珠，装饰珍珠两端的铁丝在珍珠下方聚拢合为一股并从铜制花蕊的中心穿过。再取一朵染色小花，将铁丝继续从染色小花的中心穿过。

03

调整花瓣形态，使其更加自然，参考丝线花蕊小花制作过程的第2、3步，使用圆嘴钳为铜蕊小花制作花茎。参考铜蕊小花制作的第1、2步，制作3朵铜蕊小花。

04

用蚕丝线将3朵丝线花蕊小花和3朵铜蕊小
花的花茎缠到一起。

5.1.2 蝴蝶底座的制作

蝴蝶底座是本节缠花作品中的底座部分，其为巨大的蝴蝶形状，由多个蝶翼叠加而成。蝴蝶底
座上下部分的蝶翼形状不同，因此需要分别完成。本小节将介绍蝶翼的制作和蝴蝶底座的整体组装。

1. 制作材料及工具

- 白卡纸
- 碳素笔
- 剪刀

- 30 号丝网花铁丝
- 浅黄色、浅黄绿色的蚕丝线
- 白乳胶

- 装饰珍珠

2. 上半部分的制作

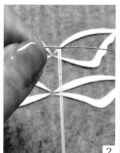

01

用碳素笔在白色卡纸上画
出蝴蝶底座上半部分蝶翼
的图样，并用剪刀将图样
裁剪为8张卡纸。

02

取一根长度适当的铁丝（铁丝的长度需大于蝶翼的周长，并留有空
余），取一股浅黄色蚕丝线，将其劈丝为两股进行缠绕，左手将劈丝
后的蚕丝线的一端与铁丝的一端捏紧，右手持蚕丝线，按顺时针方向
由左往右地将蚕丝线缠绕在铁丝上，缠绕1cm即可。

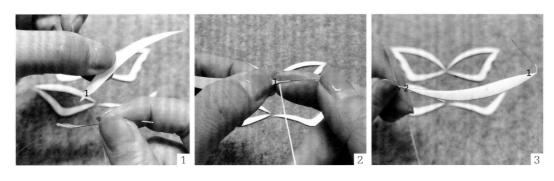

03

取第1步中标有"1""2"字样的卡纸，按照从"1"至"2"的方向进行缠绕。

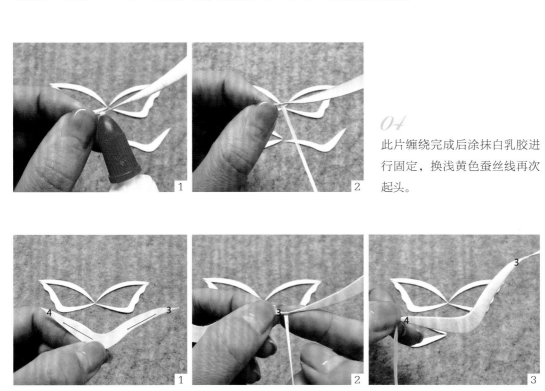

04

此片缠绕完成后涂抹白乳胶进行固定，换浅黄色蚕丝线再次起头。

05

取第1步中标有"3""4"字样的卡纸，用浅黄色蚕丝线按照从"3"至"4"的方向进行缠绕。

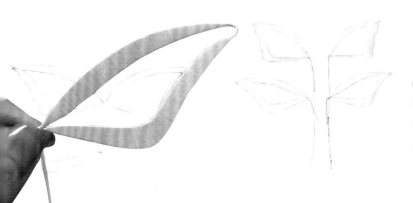

06

将缠绕完毕的两个部件合拢成蝶翼状，重复以上操作，直至完成所有部件的缠绕。

07

用缠绕花蕊的粉色线，将制作小花留下的铁丝包裹起来。制作4朵珍珠花蕊5瓣花、8朵丝线花蕊5瓣花，并将其组合成4个花簇。每个花簇包含1朵珍珠花蕊5瓣花和2朵丝线花蕊5瓣花。

08

取一个花簇，将花簇卡入较大的蝶翼中的镂空部分，使1朵珍珠花蕊5瓣花在蝶翼下方，2朵丝线花蕊5瓣花在蝶翼上方，左手紧紧捏住蝶翼的根部和花簇茎。

09

取较小的蝶翼置于较大的蝶翼的上方，左手仍然捏住根部并用蚕丝线缠绕固定。

10

参考第8、9步，完成另一边蝶翼的组装。

3. 下半部分的制作

蝴蝶下半部分翅膀

01

在白色卡纸上画出蝴蝶底座中下半部分蝶翼的图样，并用剪刀将图样裁剪为6片，较大的蝶翼由两片白卡纸构成，缠绕方式如上半部分，在此不作赘述。

  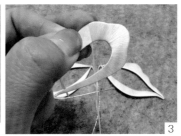

02

较小的蝶翼的缠绕顺序如图所示。蚕丝线的走向呈放射状，因此内圈的蚕丝线会有轻微重叠，外圈的蚕丝线则均匀地平铺到边缘。注意每缠绕一圈，左手中指都要进行按压，防止已缠绕的蚕丝线下滑。

03

参考蝴蝶底座上半部分蝶翼组装过程中的第8、9、10步，完成蝴蝶底座下半部分蝶翼的组装。另一半蝶翼按照相同的方法缠制并组装。

5.1.3　整体组装

　　主体部分基本完成后，接下来就要制作簪子，并完成最后的整体组装。本小节将介绍缠花簪的组装和装饰绒球的制作。

1. 制作材料及工具

- 藕色、金色的蚕丝线
- 30 号丝网花铁丝
- 棕色弹力丝
- 剪刀
- 手工钳
- 簪杆
- 硬卡纸
- 直径为 2cm 的圆片
- 酒精胶
- 刷子

2. 绒球触须的制作

 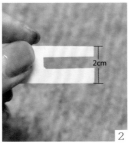 

2cm

01

取藕色蚕丝线并剪断，取宽度为2cm的硬卡纸，在硬卡纸一端剪出凹槽，将蚕丝线在硬卡纸上缠绕8圈。

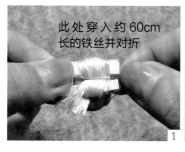

此处穿入约60cm
长的铁丝并对折

1 2

3 4

02

取一根约60cm长的铁丝，将铁丝从硬卡纸凹槽内侧穿过，向外部回折，使蚕丝线团居于铁丝顶端，将铁丝对折、拧紧，沿着"1—2""3—4"的路径分别将蚕丝线剪断，并剪去多余的蚕丝线。

03

用手工钳把蚕丝线内部的铁丝拧紧，确保蚕丝线不会松动移位。

直径2cm的圆片

04

取直径为2cm的圆片置于蚕丝线团上，使圆片中心同绒球中的铁丝顶端平齐，沿圆片边缘修剪蚕丝线的长度，用刷子打毛，使绒球整齐服帖。

05

用蚕丝线将铁丝缠绕包裹起来。

 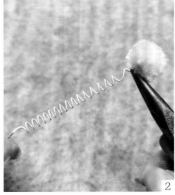

06
用铜制簪杆将铁丝弯曲成弹簧状，注意弯曲的弧度要保持一致。

07
参考第1~6步，完成另一个绒球触须的制作。

3. 组装成簪

01
用金色蚕丝线将蝶翼上下部分进行组装和固定，先固定下半部分的蝶翼，再加入上半部分。

02
在蝴蝶底座的中间加入染色小花，最后加入绒球触须，依次固定。

03
用棕色弹力丝在蝴蝶底座下方铁丝的根部向下缠绕，缠绕约1cm后，取适量露出的铁丝从簪杆最下方的孔洞中穿出，继续向下缠绕1cm以作固定，然后将簪杆同铁丝紧紧缠绕在一起。

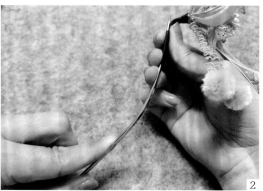

04

将铁丝回折，使回折的铁丝紧贴簪杆和铁丝，同时将弹力丝向上缠绕，直至将铁丝全部覆盖住，并在簪杆上涂抹酒精胶，这样能防止缠花从簪杆上脱落；用手轻轻弯折铁丝，将缠花翻折至簪杆正面。

5.1.4 成品展示与要点回顾

- ◉ 染色
- ◉ 蝴蝶底座的制作
- ◉ 绒球触须的制作
- ◉ 缠花在簪杆上的固定

5.2 凌波仙子步轻盈

5.2.1 水仙的制作

　　水仙是本款缠花的主体之一，主要由花瓣和花蕊组成，并且需要重复制作。本小节将分别介绍花托、花瓣的制作步骤及各部件的组装方法。

1. 制作材料及工具

- 白卡纸
- 绿色、黄色的蚕丝线
- 锁边液
- 碳素笔
- 30 号丝网花铁丝
- 酒精胶
- 剪刀
- 筷子
- 石膏花蕊

2. 水仙花瓣的制作

01

用碳素笔在白卡纸上绘出6组水仙花瓣的图样，每组花瓣分为左右对称的两片，用剪刀沿线裁剪下来。

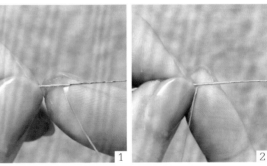

02

将绿色蚕丝线劈丝后合并，左手持一根铁丝，右手持蚕丝线自左向右缠绕约1cm，然后自右向左缠绕，覆盖之前缠绕的蚕丝线。

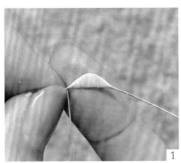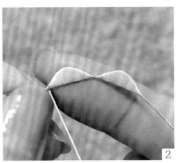

03

用串联的方式依次加入白卡纸缠绕，白卡纸应首尾相接。

04

依次完成所有花瓣的缠绕，每完成一组花瓣的缠绕就将两片花瓣收拢并固定，一朵水仙花有6组花瓣，注意使其中3组花瓣在上，另外3组花瓣在下。

3. 水仙花蕊的制作

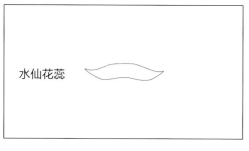

水仙花蕊

01

在白卡纸上绘出水仙花蕊的图样，用剪刀沿线裁剪下来。

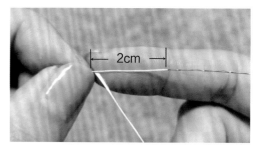

2cm

02

取一根铁丝，预留2cm的长度并在此部分上缠上黄色蚕丝线。

03

加入白卡纸继续缠绕，注意在缠绕完毕后，要在铁丝上继续缠绕2cm。

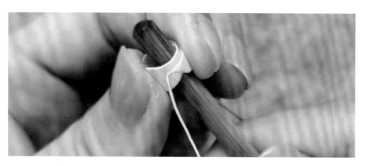

04

用筷子将缠绕好的花瓣卷起，为防止滑线，可以先在花瓣背面涂上锁边液，等锁边液干透后再将其卷成圈。

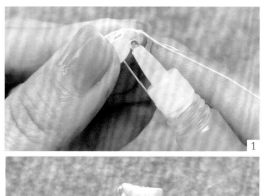

05

用酒精胶固定花瓣，将底端铁丝合并在一起。

06

在卷好的花瓣中间加入石膏花蕊，使花蕊刚好填满花瓣内部。

07

将花瓣与花蕊固定在一起，适当弯曲花瓣的叶片尖端，调整铁丝的位置。

08

参考上述步骤，一共制作9朵水仙，依照图示的组合进行简单固定。

5.2.2 祥云的制作

祥云是本款缠花的主体之一，水仙的组合与固定需要以祥云为依托。因此，本小节将在介绍祥云的制作过程中，穿插介绍水仙的组合方法。

1. 制作材料及工具

- 白卡纸
- 剪刀
- 30 号丝网花铁丝
- 碳素笔
- 孔雀蓝色蚕丝线
- 酒精胶

2. 祥云尾的制作

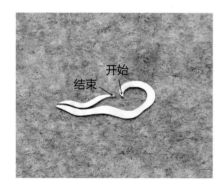

01

用碳素笔在白卡纸上绘出祥云尾的图样，用剪刀沿线裁剪下来，依照图示的位置摆放。

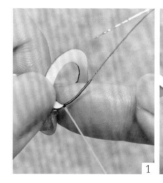

02

从图示的位置开始缠线，并在合适的位置加入一片较大的白卡纸缠绕，缠绕至第1个凹进去的地方时暂停。

03

加入两朵水仙，用蚕丝线缠绕几圈固定。

04

完成缠绕，在祥云尾的尖端弯折出一个圆圈，方便后期加入流苏装饰。

05

加入一片较小的白卡纸进行缠绕，注意缠绕的方向，缠完后将两端收拢固定。

3. 祥云头的制作

开始　结束

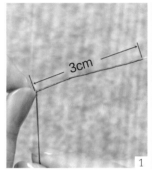 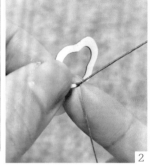

3cm

01

在白卡纸上绘出祥云头的图样，用剪刀沿线裁剪下来。

02

在铁丝上预留约3cm的长度，并用蚕丝线缠绕，加入白卡纸继续缠绕。

 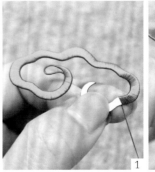 

03

将预留的铁丝往回折，形成上图所示的弧度，将剩余铁丝一并置于白卡纸背面，最后再用蚕丝线缠绕。

04

缠绕至合适位置时，加入一朵水仙，用蚕丝线缠绕固定。

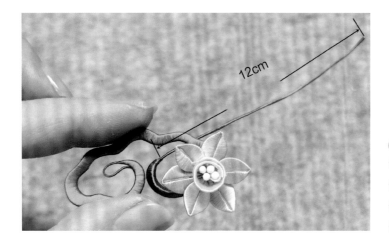

05

缠完祥云头后留出约12cm长的铁丝,再用蚕丝线缠绕,如果铁丝长度不够,则需要在结束缠绕之前加入足够长的铁丝。

1

2

06

将留出的铁丝卷成螺纹状,再将祥云头和祥云尾组合起来,用酒精胶固定。

07

参考第1~3步,制作一个祥云头的纸样并缠绕至图示的位置。

1

2

08

加入3朵水仙,用蚕丝线缠绕固定,如果正面不便缠线,可以从反面缠绕。

09

整个祥云头缠绕完毕后，同样需要留出约12cm
长的铁丝，并用蚕丝线缠绕包裹起来，再卷曲
成螺纹状。

10

将在第7步制作的祥云头同之前组合好的部件进
行组合，在连接处用酒精胶固定。

4. 带圈水仙的制作

01

取两根20cm长的铁丝，用蚕丝线缠绕，分别从两端进行卷曲，将每根铁丝卷成两个相连的螺纹状
圆圈。

02

将卷成两个圆圈的铁丝添加到3朵水仙的根部，适当调整位置。

03

将带铁丝圈的水仙添加到已组合好的祥云左侧，根据手中铁丝的长度，自由决定将伸出的铁丝分成几股，以便后续进行卷曲操作。

5.2.3 整体组装

　　水仙和祥云的制作和组合基本完成，但本款缠花的制作还需要将水仙和祥云同发簪组装在一起。本小节将介绍如何将水仙和祥云同发簪进行组装。

1. 制作材料及工具

- 蚕丝线
- 成品发簪

2. 组合发簪

01

取一根蚕丝线，从成品发簪的第2个孔洞中穿过。

02

将组合好的水仙和祥云同成品发簪组装在一起，用蚕丝线反复缠绕几圈以固定。

03

将多余的铁丝卷成螺纹状，使其紧贴在发簪上。

5.2.4　成品展示与要点回顾

◉ 水仙花托的制作

◉ 水仙花瓣的卷曲

◉ 祥云缠绕的次序

◉ 发簪的固定

5.3 耐寒唯有东篱菊

5.3.1 花瓶的制作

花瓶是本款缠花的重要构成部分，平面的花瓶部件同立体的菊花相组合能够产生特别的视觉效果，展现别具一格的设计理念。本小节将介绍花瓶各部件的制作及组合方法。

1. 制作材料及工具

- 白卡纸
- 30 号丝网花铁丝
- 直径为 0.2mm 的铜丝
- 碳素笔
- 黄色、绿色的蚕丝线
- 米珠
- 剪刀
- 钳子
- 酒精胶

2. 制作瓶口和瓶底部件

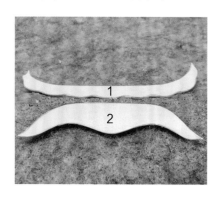

01

用碳素笔在白卡纸上绘出花瓶瓶口和瓶底的图样，用剪刀沿线裁剪下来。

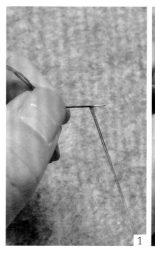

02

取一根铁丝，用绿色蚕丝线起头。

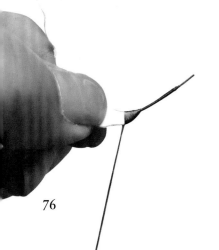

03

取部件1置于铁丝前方，用绿色蚕丝线从右向左缠绕约1cm。

04

用钳子将起头一端的铁丝回折，使其紧贴白卡纸，然后继续缠绕，用蚕丝线将折回的铁丝完全覆盖住。

05

完成整个部件的缠绕，继续在铁丝上缠绕一段后再固定打结，将多余的铁丝回折至部件背面。

　小提示

在整个部件缠绕完毕后，在结尾处的铁丝上继续缠绕的距离约为部件长度的一半，即回折后，铁丝的断口应居于部件的中央。

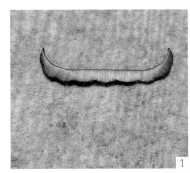

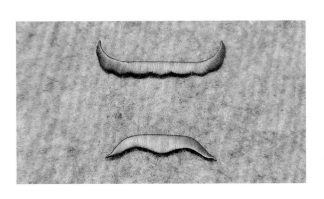

06

参考第1~5步，完成花瓶瓶底部件的制作。

3. 瓶身的制作

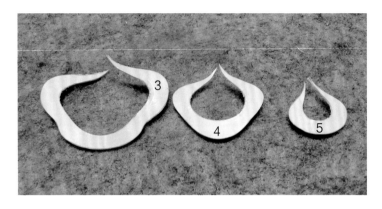

在白卡纸上绘出花瓶瓶身各部件的图样，用剪刀沿线裁剪下来，得到如图中所示的部件3~5。

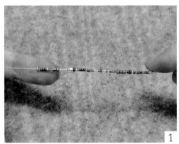 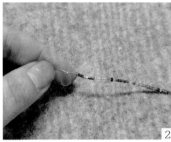 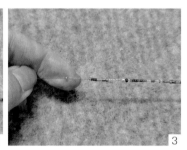

02

取一根直径为0.2mm的铜丝，串入米珠，并将左手边第1颗米珠固定。

03

左手捏住串有米珠的铜丝和一根新的铁丝，用黄色蚕丝线起头，加入部件3的白卡纸继续缠绕。

04

缠绕至一定位置后，将串有米珠的铜丝向右手方向翻折，用蚕丝线缠绕几圈后，再将其向左手方向折回。注意根据所缠绕的蚕丝线宽度来选择米珠的数量，拉紧铁丝固定米珠的位置，继续缠绕。

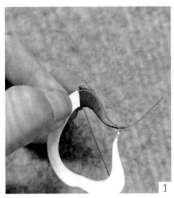

05

每缠绕一段距离，便参考第4步在部件的外侧边缘处添加米珠，米珠的数量和具体位置则是随机的。

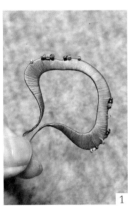

06

整个部件缠绕完毕后，继续用蚕丝线沿铁丝缠绕一段后再固定打结，并将两端合拢。

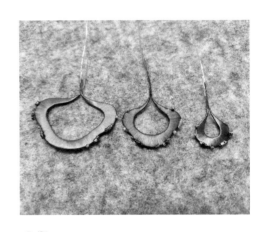

07

参考第2~6步，完成部件4和部件5的制作。

4. 花瓶的组装

01

用酒精胶将缠制完毕的部件3~5拼接在一起，由里向外，较大的部件需要紧紧包裹住较小部件。

02

用酒精胶将部件1粘贴在瓶身的上端，即铁丝收拢处，将部件2粘贴在瓶身的下端。

5.3.2 菊花的制作

菊花是本款缠花的主体，为了生动展现秋菊盛放的姿态和层次感，在制作花瓣时我们将采用单面花瓣和双面花瓣组合的方法，而且菊花花瓣的尺寸也是由内向外逐层递增的。本小节将详细介绍菊花的制作步骤。

1. 制作材料及工具

- 350g 白卡纸
- 30 号丝网花铁丝
- 铜丝
- 碳素笔
- 黄色、绿色的蚕丝线
- 米珠
- 剪刀
- 250g 白卡纸

2. 制作一组单面菊花花瓣

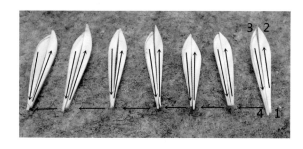

01

用碳素笔在350g白卡纸上绘出7片菊花花瓣的图样，花瓣长度约为2cm，用剪刀沿线裁剪下来，每片花瓣剪成左右对称的两半，得到14张花瓣的纸样。

02

沿"1—2—3—4"的路径依次缠绕花瓣，每缠绕完1片花瓣，将对称的2张纸样合拢。

3. 制作一组双面菊花花瓣

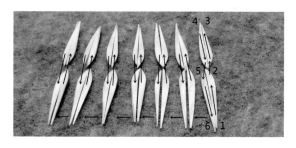

01

在250g白卡纸上绘出14片菊花花瓣的图样，花瓣长度约为2cm，用剪刀沿线裁剪下来，每片花瓣剪成左右对称的两半，得到28张花瓣的纸样。

02

取花瓣"1—2"，用黄色蚕丝线进行缠绕，直至将整个纸样缠绕完毕，打结固定蚕丝线防止松动，但无须剪断。

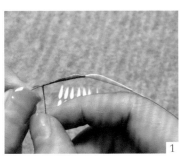  

03

取纸样"2—3"，改用绿色蚕丝线缠绕，缠绕完毕后加入纸样"4—5"，仍然用绿色蚕丝线缠绕，待两张纸样皆缠绕完成，从衔接处弯折纸样，使纸样"2—3"和纸样"4—5"合拢，成为一片完整的花瓣。

04

取纸样"5—6"，用黄色蚕丝线缠绕，缠绕完毕后合拢纸样"5—6"和纸样"1—2"，用蚕丝线固定铁丝。

05

将两片花瓣的衔接处弯折，使两片花瓣互相贴合，将黄色蚕丝线从两片花瓣的缝隙中穿过。

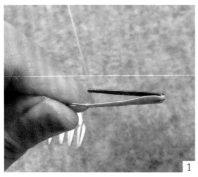 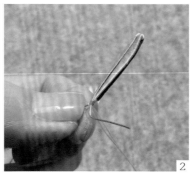

06

拉紧黄色蚕丝线并在铁丝上缠绕几圈，固定住重合的两片花瓣。

07

参照第2~6步，完成所有花片的缠绕，得到如图所示的双面菊花花瓣组。

08

参照上述步骤，分别制作长3cm、长4cm、长5cm的花瓣组，其中长3cm的花瓣组包含14组花瓣，长4cm和5cm的花瓣组包含5组花瓣。

小提示

通常在制作缠花时，使用的纸样都是由350g白卡纸制作的，但在制作双面菊花花瓣时，一律使用250g白卡纸。

4.菊花的组合

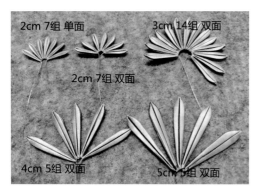

2cm 7组 单面　　3cm 14组 双面
2cm 7组 双面
4cm 5组 双面　　5cm 5组 双面

01

将制作好的菊花花瓣组依照上图所示的位置摆放，以便取用。

02

取长2cm的单面菊花花瓣组，将花瓣向内弯折，不必将花瓣都弯向正中心，这样花型会更加真实自然。

03

在底部加入长2cm的双面菊花花瓣组，将花瓣的尖端向内弯折。

 小提示

在组合菊花时，要让菊花花瓣呈现一侧密、另一侧疏的特点，在花瓣稀疏的一侧，花瓣尖端向下弯曲的弧度更大，在花瓣密集的一侧，花瓣尖端向下弯曲的弧度相对较小。

04

在底部加入长3cm的双面菊花花瓣组，将花瓣的尖端向内弯折。

05

在底部加入长4cm的双面菊花花瓣组，将花瓣的尖端向内弯折。

06

在底部加入长5cm的双面菊花花瓣组，将花瓣的尖端向内弯折。

5.菊花叶片的制作

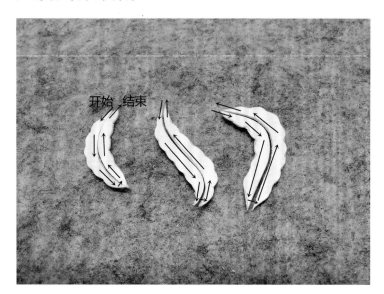

开始 结束

01

在白卡纸上绘出3片菊花叶片的图样，在叶片中部画一条叶脉，用剪刀沿叶脉裁剪，得到6张叶片的纸样，按照如左图所示的位置摆放，取用时从左至右依次拿取。

02

取两根铜丝，分别串上一段米珠，再取一根铁丝，左手同时捏住铜丝和铁丝，用蚕丝线将铜丝和铁丝缠绕在一起。

03

将两根铜丝一起向右手边弯折，加入一张白卡纸，在白卡纸和铁丝上缠绕几圈后，再将铜丝向左手边翻折，根据绕线的宽度决定露出多少颗米珠。

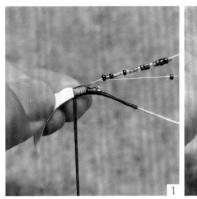

04

参考制作花瓶瓶身部件的第
4、5步进行制作。

05

完成叶片的缠绕后，依照步骤1中所示的箭头次序，取下一片白卡纸接着缠绕，注意第2片白卡纸的内外
侧朝向应同第1片相反，这样才能使两片叶片连起来后呈"S"形。

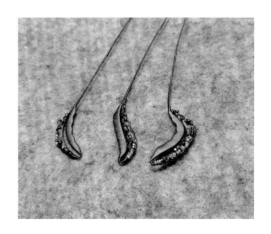

06

在缠绕第2片纸样时不需要加入米珠，缠绕完毕
后将两片纸样合并成一片完整的菊花叶片。

07

参考第2~6步，完成另外两片菊花叶片的制作。

5.3.3 整体组装

各部件制作完毕后，就要进行作品的整体组装和造型调整。本小节将介绍作品的各部件的组装
过程及胸针的固定方法。

1. 制作材料及工具

● 绿色蚕丝线   ● 成品胸针   ● UV 胶烤紫光灯

2. 组装各部件

01

将3片叶片固定在菊花上，若叶片的茎部太长，可以以菊花为中心将叶茎弯折并绕圈。

02

将花瓶固定在菊花的下方，注意应给菊花的茎部留出适当的长度。

03

取一枚成品胸针，左手同时捏住菊花的茎部和胸针，用绿色的蚕丝线将重合的部分紧紧缠绕起来。

04

在胸针和蚕丝线接触的位置用UV胶烤紫光灯固定，以防止胸针松动脱落。

5.3.4　成品展示与要点回顾

◉ 镂空叶片的制作

◉ 在缠绕时加入米珠

◉ 双面菊花花瓣组的制作

◉ 菊花的组装和造型调整

5.4 满山遍野红枫笑

5.4.1 花瓶的制作

花瓶是本款缠花的重要主体。本小节将介绍花瓶各部件的制作及组合方法。

1. 制作材料及工具

- 白卡纸
- 30 号丝网花铁丝
- 直径为 0.3mm 的铜丝
- 碳素笔
- 绿色、橘色、蓝色的蚕丝线
- 酒精胶
- 剪刀
- 白乳胶

2. 花瓶的制作

01

用碳素笔在白卡纸上绘出花瓶的图样，并用剪刀裁剪，裁剪出的纸样如图所示。

02

用绿色蚕丝线完成花瓶瓶口和瓶底的缠制。

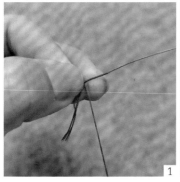

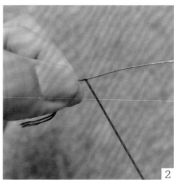

03

取一根铁丝用橘色蚕丝线在铁丝的一端起头。

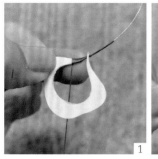 

04

在铁丝上添加一张花瓶瓶身的卡纸，并用蚕丝线沿着卡纸的边沿紧密缠制，缠制好后将铁丝两端并拢。

05

取两根绿色蚕丝线，将其劈丝为4股备用。

 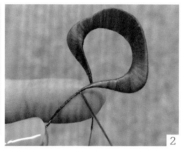

06

用劈好的绿色蚕丝线在铁丝的一端打结，并用白乳胶固定。用绿色蚕丝线再缠一次，注意缠绕时不要紧密覆盖，需要有间隔地露出橘色蚕丝线，制造出橘色和绿色相间的效果。

07

参考第3~6步，完成3张花瓶瓶身纸样的缠制，将花瓶瓶身拼接在一起。

08

取25cm长、0.3mm粗的铜丝，用两根蓝色蚕丝线在铜丝上加捻备用。

09

在每张花瓶瓶身纸样相接的部分添加加捻的铜丝作为装饰，可以用酒精胶将铜丝和瓶身粘起来防止散落。用蚕丝线将多余的铁丝、铜丝包裹起来并打结固定，完成花瓶瓶身的制作。

10

用酒精胶将瓶口和瓶底粘在瓶身上，即可完成花瓶的制作。

5.4.2 枫叶的制作

枫叶是本款缠花中的点睛之笔。本小节将详细介绍枫叶的制作步骤。

1. 制作材料及工具

- 白卡纸
- 30 号丝网花铁丝
- 白乳胶
- 碳素笔
- 红色蚕丝线
- UV 胶
- 剪刀
- 用蓝色蚕丝线加捻过的铜丝
- 紫光灯

2. 枫叶的制作

01

用碳素笔在白卡纸上画出枫叶的图样，用剪刀沿线裁剪下来，1片完整的枫叶由5片叶片组成，其中包括4片较小的叶片和1片较大的叶片。缠制叶片时按照2片小叶片、1片大叶片、2片小叶片和"1—2—3—4"的顺序进行。

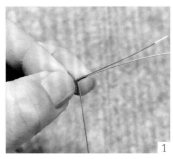

02

左手捏住铁丝和用蓝色蚕丝线加捻过的铜丝，预留出适当长度的铁丝和铜丝并用红色蚕丝线起头，注意起头时蚕丝线要同时绕过铁丝和铜丝。起头后添加一片枫叶叶片的卡纸，用蚕丝线紧密缠绕。

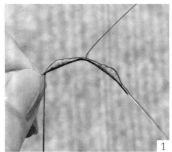

03

在添加下一片卡纸时注意将加捻过的铜丝弯折分出，在铁丝上进行缠制，合并两半叶片并将加捻过的铜丝弯折在叶片中间，用蚕丝线在末端打结固定。

04

按照顺序完成5片叶片的缠制并调整叶片的形状和位置，在末端打结固定，用白乳胶将多余的蚕丝线粘起来并适当弯折铁丝。

05

使用同样的方法制作3片枫叶并将其缠制在一起作为1组，一共需制作3组，适当调整每片枫叶的形态和位置。

06

用蚕丝线将3组枫叶捆扎在一起。

5.4.3 整体组装

各部件制作完毕后，就要将其组装到一起。本小节将介绍整体组装的具体步骤。

1.制作材料及工具

- 直径为 0.5mm 的铜丝
- 0.5mm 粗的穿珠针
- UV 胶
- 绿色蚕丝线
- 胸针底座
- 紫光灯

2.组装各部件

01

取两根25cm长、直径为0.5mm的铜丝，分别用绿色的蚕丝线包裹起来。

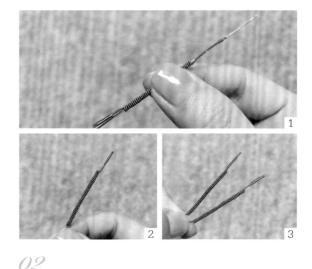

02

将准备好的铜丝缠绕在0.5mm粗的穿珠针上，铜丝制作成弹簧的形状后抽出穿珠针，重复操作后即可得到两根弹簧状的铜丝。

03

将制作好的弹簧状铜丝作为枫叶的枝干，用蚕丝线将铜丝和枫叶末端的铁丝包裹在一起。

04

组装枫叶的部分和花瓶部分，用蚕丝线将铁丝、铜丝缠在一起并打结固定。需要注意包裹的铁丝、铜丝较多时，可以将其分为两个分支分开进行打结固定。

05

取一枚胸针底座并用UV胶烤紫光灯将其粘在枫叶的结尾处，用蚕丝线将胸针底座和枫叶结尾处的铁丝包裹在一起，固定胸针底座，防止脱落。

06

将胸针底座向下弯折90°，使胸针底座置于花瓶的背面，即完成该款缠花的制作。

5.4.4　成品展示与要点回顾

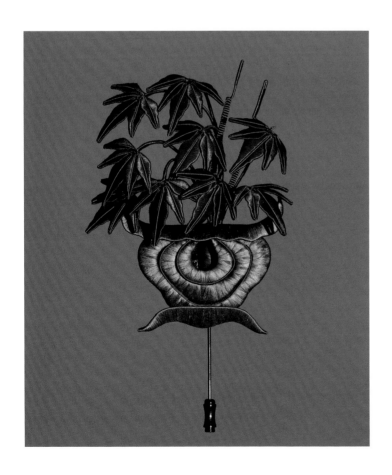

◉ 两色蚕丝线的双层缠制

◉ 利用蚕丝线给铜丝加捻

◉ 缠制枫叶的同时用铜丝
　进行装饰

◉ 弹簧状加捻铜丝的处理

◉ 分开对较多的铜丝和
　丝进行打结固定

5.5 芙蓉含笑秀色溢

5.5.1 花瓶的制作

　　花瓶是本款缠花的重要组成元素，与前两个缠花中的花瓶的制作不同的是，本小节制作的花瓶瓶身上有特别的装饰物。本小节将介绍花瓶各部件的制作与组合方法，并讲解用铜丝制作简单装饰图案的方法。

1. 制作材料及工具

- 白卡纸
- 30 号丝网花铁丝
- 白乳胶
- 碳素笔
- 浅粉色、亮粉色和大红色蚕丝线
- 酒精胶
- 剪刀
- 直径为 0.3mm 的铜丝

2. 瓶口和瓶底部件的制作

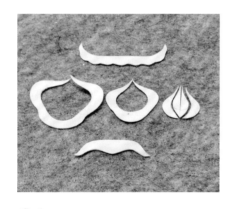

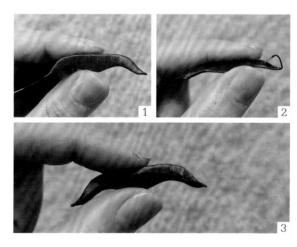

01

用碳素笔在白卡纸上画出花瓶各个部件的图样，用剪刀沿线裁剪下来，依照如图所示的位置摆放，以便取用。

02

取瓶底的卡纸进行缠绕，不同之处是缠绕完毕后，剩余的铁丝需要往回弯折，回穿到卡纸另一面的蚕丝线里。

03

用同样的方法完成花瓶瓶口部件的制作。

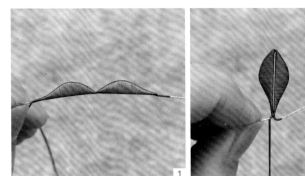

04

花瓶瓶身的部件应遵照从里到外的顺序依次缠绕。先取中间的两片卡纸和一根铁丝，依次缠绕完毕后合拢两片卡纸，在铁丝根部用蚕丝线缠绕几圈将其固定，加入第3片卡纸继续缠绕。

05

将第3片卡纸缠绕完毕后，将蚕丝线从缝隙a处穿过并缠绕一圈，加入第4片卡纸继续缠绕，缠完后收拢固定。

06

另取一根铁丝和蚕丝线缠绕外侧的两个部件，缠完后收拢两端，但无须固定。

07

将瓶身的各部件组合在一起，将底部铁丝收拢在一起，用蚕丝线缠绕固定。

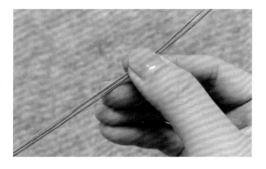

08

取4根20cm长、直径为0.3mm的铜丝，分别用浅粉色、亮粉色蚕丝线包裹起来，每种颜色各缠两根。

09

在4根铜丝的一端用红色蚕丝线缠绕几圈固定，注意4根铜丝应当横向排列成扁平状。

10

将扎好的铜丝束随机绕几个圈，在背面涂上白乳胶，等待10~15分钟，让白乳胶完全干透。

11

用酒精胶将铜丝圈固定在瓶身正面的适当位置，剪去多余部分。

12

用酒精胶将瓶口和瓶底部件固定至瓶身正面的顶端和底端。

5.5.2　芙蓉的制作

芙蓉是本款缠花的主体元素，为了展现芙蓉盛放的姿态，本小节制作的花瓣分为两种样式，不同样式的花瓣上的装饰元素不同，组合在一起时也能突出花瓣的层次感。本小节将介绍芙蓉的花瓣制作与整体组合方法。

1. 制作材料及工具

- 白卡纸
- 碳素笔
- 剪刀
- 直径为 0.3mm 的铜丝
- 粉色、红色的蚕丝线
- 30 号丝网花铁丝
- 筷子
- 米珠

2. 铜丝边芙蓉花瓣的制作

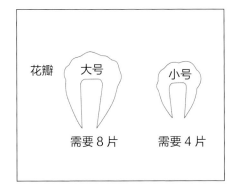

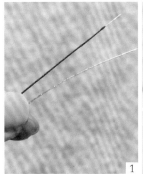

01
用碳素笔在白卡纸上画出芙蓉花瓣的图样，用剪刀沿线裁剪下来，大号花瓣需要8片，小号花瓣需要4片，按组摆放，以便取用，花瓣图样如上图所示。

02
取一根20cm长、直径为0.3mm的铜丝，用粉色蚕丝线将铜丝和铁丝缠绕在一起，完成起头后将铜丝向上弯折。

03
加入白卡纸继续缠绕，缠至花瓣外侧凹陷处时，将弯折上去的铜丝拉下来，用蚕丝线缠绕一圈。

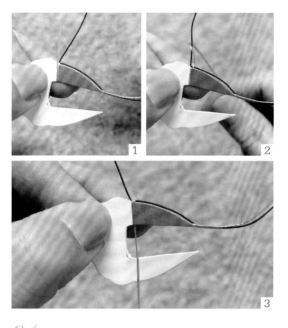

04

用蚕丝线再绕铜丝1圈，从卡纸背面绕过并拉紧。

05

重复第3~4步，完成整片花瓣的缠绕。

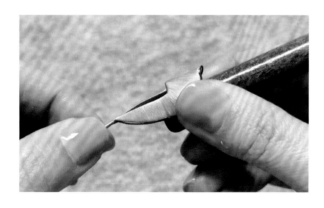

06

用笔或筷子弯折花瓣，使其具有较自然的弧度。

07

重复上述步骤，制作3片大号的铜丝边芙蓉花瓣和2片小号的铜丝边芙蓉花瓣。

3. 米珠边芙蓉花瓣的制作

01

取一根20cm长、直径为0.3mm的铜丝，穿入米珠，铜丝两头的米珠用铜丝回穿的方式固定。

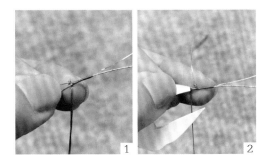

02

用红色蚕丝线将串有米珠的铜丝和铁丝缠绕在一起，起头后弯折铜丝，在铁丝上加入白卡纸继续缠绕。

03

缠绕一段距离后将铜丝拉回，加入同已缠绕部分的蚕丝线宽度相等的米珠，拉紧后用蚕丝线缠绕几圈固定。

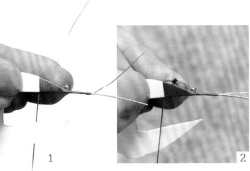

04

将铜丝向上拉，继续在白卡纸上缠绕一段距离，再拉回铜丝，加入米珠并用蚕丝线固定，如此反复直至将整张卡纸缠绕完毕，然后将卡纸两端并拢并打结固定。

05

重复上述步骤，制作3片大号的米珠边芙蓉花瓣和2片小号的米珠边芙蓉花瓣。

4.芙蓉花瓣的组合

大号2片

大号6片3组

小号4片2组

01

将尺寸相同的一片铜丝边芙蓉花瓣和一片米珠边芙蓉花瓣组合在一起，一片花瓣的背面紧贴另一片花瓣的背面，留两片大号花瓣单独放置，不进行组合，将花瓣分组摆放以便取用。

02

先将2组小号花瓣在花杆处用蚕丝线固定，再将3组大号花瓣放在小号花瓣后面固定。

03

将单独的2片大号花瓣，放在小号花瓣的前面固定，调整花瓣的位置和形态。

5.5.3 整体组装

各部件完成后，就要将其组装在一起。本小节介绍缠花的整体组装和同胸针固定在一起的方法。

1. 制作材料及工具

- 蚕丝线
- 成品胸针
- 酒精胶

2. 组合各部件

01

用蚕丝线将芙蓉和花瓶组合在一起，注意要固定牢固。

02

将缠花固定在成品胸针上，用酒精胶暂时固定。

03

等待15分钟后，用蚕丝线将胸
针和缠花缠绕在一起，进一步
加固。

5.5.4　成品展示与要点回顾

- ● 花瓶瓶口、瓶底和瓶
  身的制作与组合

- ● 用铜丝制作特殊的装
  饰造型

- ● 制作两种样式的芙蓉
  花瓣

- ● 芙蓉花瓣的分步骤
  组合

缠花摆件

第 **6** 章

6.1 金花串串迎春意

6.1.1 金花长串的制作

金花长串是本款缠花的重要组成部分，本小节主要讲解从基础的缠花起头手法到金花长串中各个部件的制作方法，以及各部件间简单的组合技巧，由简入繁，让读者可以轻松上手，掌握缠花制作的一些基本方法。

1. 制作材料及工具

- 30 号丝网花铁丝
- 白卡纸
- 碳素笔
- 剪刀
- 官黄色、青白色、浅绿色、法翠色的蚕丝线
- 白乳胶
- 装饰珍珠
- 钳子

2. 花蕊的制作

01

取一段30号丝网花铁丝（以下简称"铁丝"），将其一端弯折，弯折长度约为0.6cm。

02

对弯折端的铁丝进行折叠，反复折叠4次。

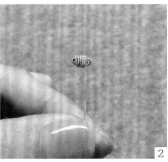

03

将铁丝与打好的圈垂直弯折，并紧密地缠绕，得到一枚椭球状的花蕊。

3. 四瓣花的制作

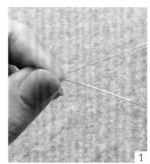 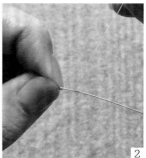

01

用碳素笔在白卡纸上绘制4片花瓣的图样，绘制时注意，花瓣内侧相对窄小。绘制完成后用剪刀沿线裁剪，将每片花瓣裁剪成两半，经裁剪后得到4组、共8片卡纸。

02

取一根长度适当的铁丝（铁丝长度需大于4片花瓣的长度，并有空余），左手将劈丝后的官黄色蚕丝线的一端与铁丝的一端捏紧，右手持蚕丝线，按顺时针方向由左往右地将蚕丝线缠绕在铁丝上，缠绕1cm即可。

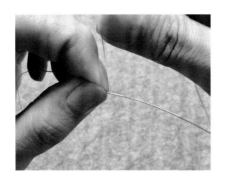

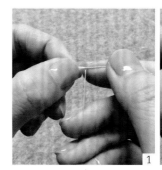

03

用左手手指压住之前缠好的蚕丝线，右手将蚕丝线按顺时针方向由右往左再缠一遍，完成缠花的起头操作。

04

取一片卡纸，将细窄的一头对准铁丝起头的一端，置于铁丝之上，用左手握紧卡纸以固定，右手用蚕丝线沿卡纸自右向左均匀缠绕，得到半片花瓣。

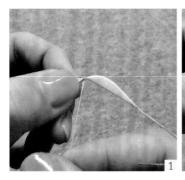 

05

再取一片卡纸，这次将花瓣较宽较大的一端对准已缠好的半片花瓣，注意中间不要留空隙。用蚕丝线进行缠绕，适当弯折铁丝，使两边的花瓣相对，使其成为一片完整且对称的花瓣。

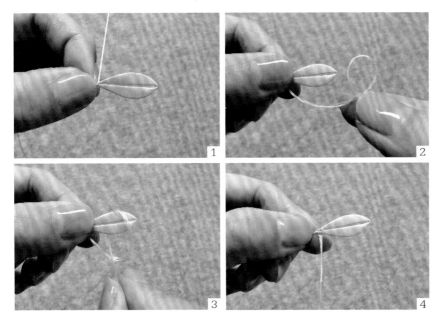

06

将左右花瓣并拢，右手取蚕丝线做成圆环穿过整片花瓣并在尾部打结，重复打结2~3次，使其牢固。

07

将铁丝弯折，在折角处添加新的卡纸，使用相同的方法，进行第2片花瓣的制作。

08

将4片花瓣缠完后收尾，余下的蚕丝线留用，将花蕊置于4片花瓣的内侧，左手捏紧固定，右手调整花瓣的整体布局。

09

用蚕丝线在花朵背面绕圈并打成结，重复多次，将花瓣与花蕊牢牢固定。

10

将一支碳素笔放置于花瓣下方，用手和碳素笔轻轻将花瓣向下按压，使花瓣呈现出一定的弧度，注意不要用手硬掰，以免折损花瓣。

4. 花托的制作

01

用碳素笔在卡纸上绘制出5片两头宽窄相同的花瓣的图样，并用剪刀进行裁剪，再将每片花瓣从中间裁剪为两半，得到5组、共10片卡纸。

小提示

这里的花瓣用于做4瓣花的花托，因此花瓣直径更小一些。

02

取一根铁丝在其一端用劈好的浅绿色蚕丝线起头，起头的方法参考4瓣花的起头。

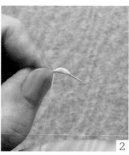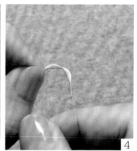

03

取一片裁剪好的半片花瓣的卡纸置于铁丝上，用蚕丝线沿卡纸均匀缠绕，参照4瓣花花瓣的缠绕手法，加一张卡纸，缠出一片完整的花瓣。

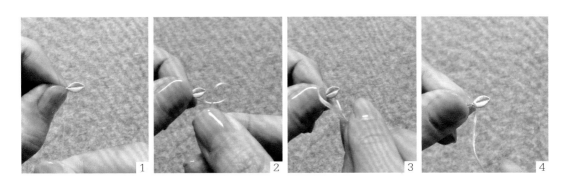

04

将铁丝弯折成一片对称的花瓣，在花瓣末端绕圈打结，重复2~3次。

05

完成5片完整花瓣的缠绕，取先前制作好的4瓣花，将5片花瓣置于4瓣花的下方用作花托。调整花托的形状，使其与4瓣花紧密贴合，并用余下的线缠绕4瓣花和花托的铁丝，末尾处用白乳胶粘贴固定。

5.珍珠花蕊5瓣花的制作

01

按照花托的线稿，绘制相同的5组花瓣，并进行裁剪。

02

取一根铁丝，在铁丝的一端留出一段空余后，用浅黄色蚕丝线起头，然后以花托的缠制方式完成5片花瓣的制作。

03

将缠好的5瓣花翻转，使有铁丝的一面朝上，卡纸的一面朝下，使花朵轮廓感更强，并调整花瓣的位置。

04

将铁丝起头的一端从花瓣之间向上弯折，将一颗装饰珍珠穿过铁丝，作为花蕊，然后将铁丝从另一侧的花瓣间隙中向下弯折。

6. 丝线花蕊5瓣花的制作

01

参考"珍珠花蕊5瓣花的制作"中花朵的制作方法，制作一朵5瓣花。

02

准备一根法翠色蚕丝线，将蚕丝线对折套在其中一片花瓣上，注意蚕丝线要两端朝下。

03

将蚕丝线的两端从花朵下方穿过，并从步骤01中套线花瓣正对面的间隙中绕出来。

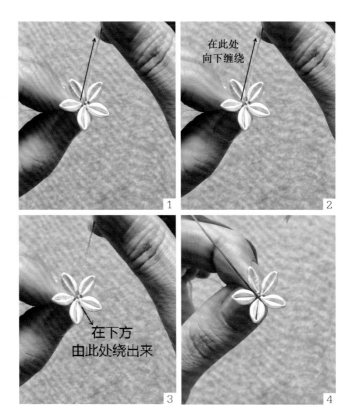

04

将蚕丝线沿箭头所示的方向缠绕，然后从花下穿过，再沿箭头方向绕出。

05

按箭头所示缠绕蚕丝线。

06

重复以上方法，即每隔两片花瓣缠绕一次，缠绕次数越多。花蕊就越突出。缠绕后将多余的线与铁丝缠绕并用白乳胶粘贴加固即可。

7.拼色叶片的制作

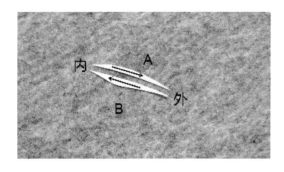

01

在白卡纸上绘制一片细长的叶片（叶片不必左右对称，左右弧度不同更显自然）的图样，用剪刀裁剪并从中间将叶片剪成两半，在缠制叶片时，叶片A由内向外缠，叶片B需由外向内缠。

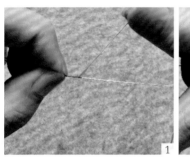
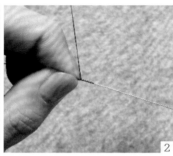

02

取一根铁丝，在一端留出足够的空余后，用经过劈丝的法翠色蚕丝线起头。

03

取叶片A，将铁丝对准卡纸边缘，由内侧开始，用蚕丝线紧密缠绕，叶片A缠制完成时，在收尾处用白乳胶固定。

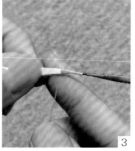

04

取一根劈好的青白色蚕丝线，重新起头，然后将叶片B与铁丝对齐，然后由外向内地缠制。

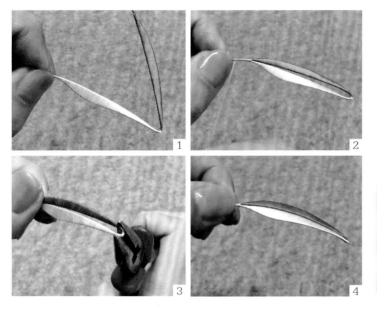

05

叶片缠制好后将铁丝对折，使
两半叶片重合，用多余的蚕丝线
把叶片两端的铁丝缠在一起，
用钳子夹紧叶片外侧。

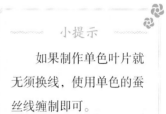

小提示

如果制作单色叶片就
无须换线，使用单色的蚕
丝线缠制即可。

8. 组合

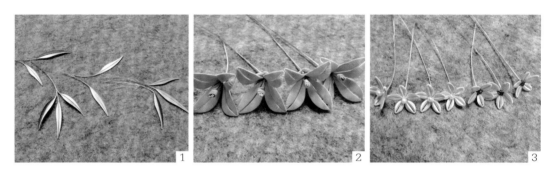

01

用浅绿色和法翠色蚕丝线制作单色和拼色的叶片若干，将叶片分组排列，再制作4瓣花和5瓣花若干。

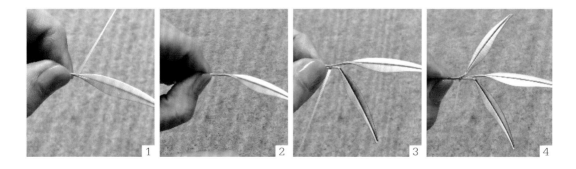

02

将浅绿色蚕丝线缠绕在叶片尾端的铁丝上，然后取另一片叶片，用蚕丝线将铁丝缠在一起，添加叶片的
位置可以根据需要自行选择。

03

在组合叶片的同时可以添加花朵，用蚕丝线缠绕进行组合，形成花串，组合时可以适当调整花朵、叶片和枝干的方向，使花串更加美观。

04

花串组合完成后，用蚕丝线在尾端缠绕并打结，可以使用白乳胶加以固定。

6.1.2 金花短串的制作

金花短串的制作是在金花长串的基础上对花朵叶片进行了造型调整，同时添加了不同形态的花苞和叶子。本小节将在熟悉上一节的缠花手法的基础上，着重讲解如何延展和组合缠花造型。

1. 制作材料及工具

- 30 号丝网花铁丝
- 白卡纸
- 碳素笔

- 剪刀
- 官黄色、青白色、浅绿色、法翠色的蚕丝线

- 白乳胶
- 装饰珍珠
- 钳子

2. 基础部件的制作与组合

前面介绍了花蕊、4 瓣花、花托、珍珠花蕊 5 瓣花、丝线花蕊 5 瓣花和拼色叶片等部件的制作方法，参考以上部件的制作方法做好以下准备。

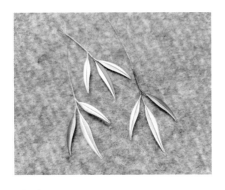

01

缠制拼色叶片3片、纯色叶片6片，叶片的形状和大小不必完全相同，这样能显得更加自然。按3片一组将叶片分为3组，并缠制在一起，组合叶片时注意叶片的分布需错落有致。

02

缠制3枝4瓣花和8枝5瓣花（3枝花的花瓣较大，5枝花的花瓣偏小），4瓣花带应有花托和花蕊，5瓣花可搭配珍珠花蕊或丝线花蕊。

03

用碳素笔在白卡纸上画出图样并进行裁剪，得到的卡纸用于缠制花苞和叶片，因此需注意花托整体偏小。

04

用裁剪好的卡纸制作4枝4瓣花，并将4片花瓣向上合拢，做成花苞。以同样的手法单独缠制若干叶片并将其组合为2枝2瓣叶片和2枝3瓣叶片。

05

将花苞和叶片分别组合在一起。

06

取一枝4瓣花将其与
"1大2小"的3枝5瓣
花组合在一起，并添加
一枝叶片组成一个金花
串的分支。

07

取事先准备好的花苞，
将其与一枝4瓣花和
"1大1小"两枝5瓣花
组合在一起，然后添加
一枝叶片，并再添加一
枝4瓣花、一枝较大的
5瓣花和一枝大叶片，
完成分支的组合。

08

将制作完成的两枝花串分支组合在一起，并将剩余的5瓣花和叶片添加在花枝的结合处，完成金花短串
的制作。

6.1.3　燕子的制作

完成了两枝金花串的制作后，接下来要缠制作品中的燕子，具体的制作材料和制作方法如下。

1. 制作材料及工具

- ● 白卡纸
- ● 30 号丝网花铁丝
- ● 白乳胶
- ● 碳素笔
- ● 深灰色、浅灰色的蚕丝线
- ● 装饰小珍珠
- ● 剪刀
- ● 钳子
- ● 酒精胶

2. 燕子翅膀的制作

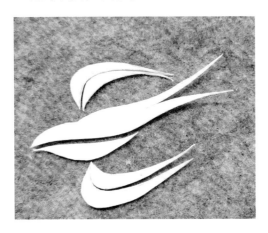

01

用碳素笔在白色卡纸上画出燕子的图样，并用剪刀将卡纸裁剪为6片。

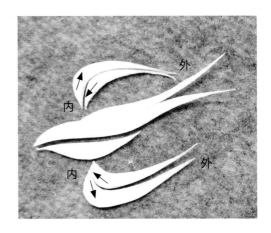

02

燕子翅膀的卡纸需区分内外，翅膀卡纸共分为两组，连接身体的宽头一侧为内侧，细长的尾部为外侧。

03

取一根铁丝并用深色蚕丝线起头，添加一片翅膀的卡纸，从内侧开始，用蚕丝线紧密地缠绕，在结尾处添加同组的另一片卡纸，并从外向内完成第2片卡纸的缠绕。

04

将铁丝弯折合拢，翅膀末端用钳子夹紧，将蚕丝线缠绕至丝线末端完成收尾并用白乳胶固定。

05

以相同的方法完成另一边翅膀的缠制。

3. 燕子身体的制作

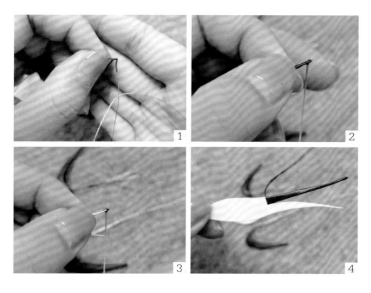

01

取20cm长的铁丝并将其对折，用力压出折痕并合并铁丝，在对折处用深色蚕丝线起头，将上半燕子尾巴的上半部分贴紧铁丝并用蚕丝线紧密缠绕，直至缠绕至尾巴根部。

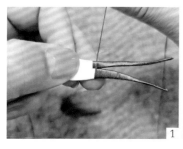

02

取另一根20cm长的铁丝重复上一步骤，完成燕子尾巴的下半部分的缠制，缠至尾巴根部时，将蚕丝线绕过燕子尾巴的上半部分使尾巴的两半根部相贴合，并由此开始按照卡纸的形状缠绕燕子的身体，在缠绕身体大约5mm后，将卡纸背面的4根铁丝预留2根出来，不再跟着身体部分一起缠绕。

03

缠绕至头部时，手里剩的2根铁丝再次分开，一根用来接燕子腹部卡纸，一根用来加入装饰性珍珠。

 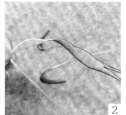

04

在燕子嘴巴的位置用浅色蚕丝线起头，加入另一片燕身的卡纸，并沿着铁丝完成燕身的缠制。

05

弯折铁丝使燕身合并，将燕身弯折过来的铁丝与之前预留的铁丝两端合并，并用蚕丝线打结固定。

06

在燕子头部预留的铁丝上穿上若干珍珠作为装饰，弯折铁丝，调整珍珠的位置，使其盖住燕身的接缝，将铁丝合并在一起并打结固定。

07

将燕子翅膀的铁丝和身体的铁丝打结固定，使翅膀与身体组合在一起，为了使翅膀不左右晃动，在翅膀与身体的连接处涂抹酒精胶。

08
用多余的蚕丝线将燕子固定在金花长串的枝干上，再将金花短串与金花长串组合成完整的花串，将尾端的铁丝弯折，并用回缠的手法进行收尾。

6.1.4 成品展示与要点回顾

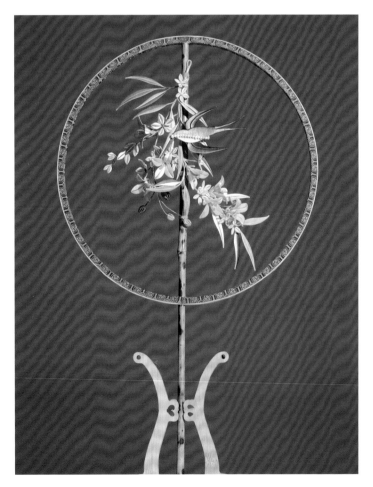

◉ 缠花的基础手法（起头、缠制、打结等）

◉ 4瓣花、5瓣花的缠制

◉ 拼色造型的制作

◉ 缠花部件的组合

山城斜路杏花香

6.2.1　雀鸟的制作

　　本小节将围绕雀鸟部分的制作要领进行细致的讲解，分步介绍雀鸟缠花制作过程中图纸剪裁、缠绕制作、上色、组合等具体操作。

1. 制作材料及工具

- 白卡纸
- 碳素笔
- 剪刀
- 30 号丝网花铁丝

- 藕色、黄色、青色的蚕丝线
- 钳子
- 白乳胶
- 清水

- 笔刷
- 黑色水粉颜料
- 装饰珠
- 酒精胶

2. 部件的制作

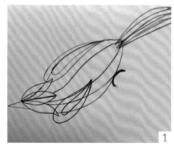  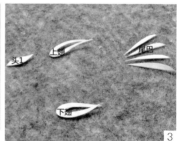

01

用碳素笔在白卡纸上绘制雀鸟的大致形态，并用剪刀将卡纸剪裁好，各部位摆放整齐，取出"头1""上翅""下翅""尾巴"的图纸备用。

02

取一根铁丝，用劈丝后的藕色蚕丝线在铁丝的一端缠绕起头。

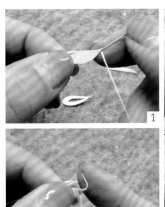

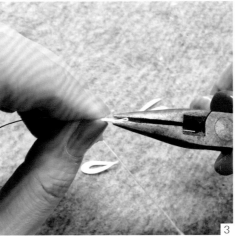

03

在铁丝上添加头1卡纸,用藕色蚕丝线从头1的右侧开始紧密缠绕1~2mm,将起头时留下的铁丝弯折至卡纸背面,并用钳子夹紧弯折处,尾巴开始的部分也同样进行处理。

04

将头1缠好后,结尾处涂白乳胶固定。以相同的方法制作出尾巴。

左手中指按住

05

取铁丝起头并加入雀鸟上翅的图样。由于卡纸不规则,可以在缠制时将卡纸翻起,用左手拇指和食指捏紧固定,缠绕至弯曲处时,用左手中指辅助,按紧卡纸边缘防止蚕丝线下滑。

06

雀鸟翅膀缠制完成后在末端打结并用白乳胶固定。

3. 上色

01

用笔刷蘸清水，将用白色蚕丝线缠制好的部件用清水打湿，注意正反两面的蚕丝线都要打湿。

02

黑色水彩颜料用水适当稀释，用笔刷蘸水后蘸少许颜料，将颜料涂在缠花表面，先浅浅地涂一层。

03

用笔刷再次蘸取颜料涂抹，注意涂色时适当晕染，缠花上端颜色较深，下端颜色偏浅，制造出渐变的效果。

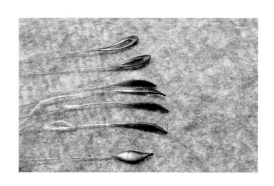

04

为需要上色的部件逐一染色，染色时根据部件的形状和形态调整颜色的渐变效果。

4. 雀鸟头部制作和头部组合

01

取两根铁丝并用黄色蚕丝线起头，分别添加"头2"和"头3"卡纸并完成缠制（即起头、缠绕蚕丝线和结尾打结）。具体的缠制过程可以参考"染色部件的制作"，这里不再赘述。

02

将缠好的头部的3个部分叠在一起，注意将"头1"和"头3"的部分叠在"头2"上方。

03

左手捏住铁丝固定，取一根事先穿好装饰珠的铁丝，将其添加在头部缠花中间，把装饰珠当作雀鸟的眼睛，在末端用黄色蚕丝线打结将铁丝固定，这样雀鸟的头部就制作完成了。

04

将经过上色的雀鸟尾巴的4个部分组合在一起，雀鸟尾巴就制作完成了。

5. 雀鸟身体的制作与整体组合

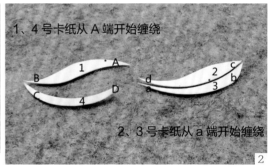

01

取事先裁剪好的雀鸟身体的卡纸，观察每片卡纸的形状，以1~4从上到下的顺序对卡纸进行排序，并按内侧和外侧分为两组，外侧的一组按照由上到下从右到左的顺序（即A、B、C、D的顺序）缠制，内侧的一组按从下到上从左到右的顺序（即a、b、c、d的顺序）缠制。

02

取一根铁丝，用黄色蚕丝线起头并添加卡纸，卡纸选择雀鸟身体内侧的一组，先按从a到b的顺序进行缠制，缠制完一片卡纸，然后加入另一片卡纸，按照从c到d的顺序进行缠绕。

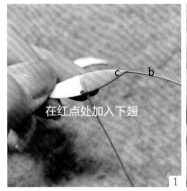

在红点处加入下翅

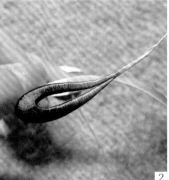

03

在卡纸1/3位置处做好标记，用蚕丝线缠绕至标记处时，中指按住蚕丝线防止滑线。取缠制好的雀鸟下翅的部分，将鹤下翅末端打结的位置置于标记处下，并用蚕丝线裹紧下翅的铁丝，即可完成雀鸟身体的缠制。

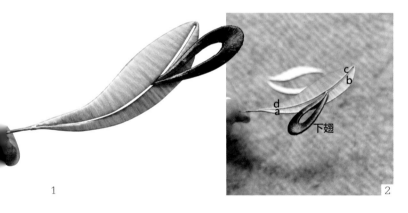

04

弯折铁丝，将雀鸟内侧身体合拢并用蚕丝线打结固定，用钳子将雀鸟下翅向下弯折。

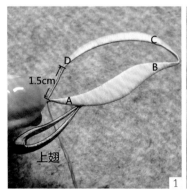

05

参考第2~4步完成雀鸟身体外侧一组的缠制，注意在"1"号卡纸缠绕至1/4处时添加上翅。缠绕至末端时，继续用蚕丝线在铁丝上缠绕约1.5cm。弯折铁丝。

06

取雀鸟身体的外侧部分置于内侧部分下，在两端分别用蚕丝线穿过缠制好的内侧部分并打结固定。

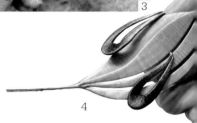

用酒精胶将翅膀
粘在身体上

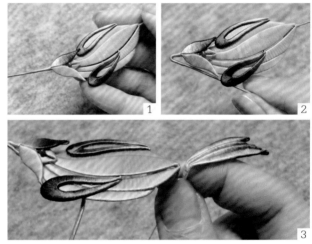

07

在雀鸟的翅膀上涂抹酒精胶，将翅膀粘在身体上防止掉落。

08

取缠制好的鸟头和尾巴，用蚕丝线将不同部件的铁丝缠绕包裹在一起，注意头部留出多余的铁丝，弯折铁丝做成鸟嘴。

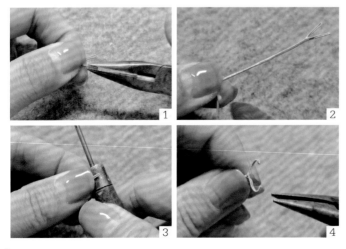

09

取青色蚕丝线缠绕在铁丝上，用钳子在铁丝上夹出两个拱，再用铁丝夹紧后形成一个"Y"字形。将白乳胶涂抹在蚕丝线上防止滑线，并将"Y"字形的铁丝的两个分支摁压在圆柱体上，使其弯曲成一定的幅度，用钳子调整造型，制作出雀鸟的脚。

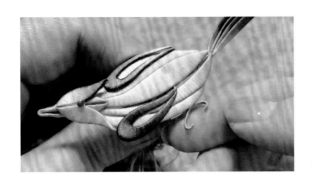

10

将脚粘在雀鸟身体上，即可完成雀鸟的制作。

6.2.2　主花的制作

　　主花是本款缠花中的主要部件之一，它由 5 片花瓣和 1 个铜丝花蕊组成，本小节将详细讲解主花的制作方法。

1. 制作材料及工具

- 白卡纸
- 碳素笔
- 剪刀
- 30 号丝网花铁丝

- 藕色、绿色的蚕丝线
- 清水
- 笔刷
- 红色、黄色的颜料

- 直径为 0.3mm 的保色铜丝
- 红色装饰米珠
- 钳子
- 筷子

2. 主花花瓣的制作

🌸 主花样式1

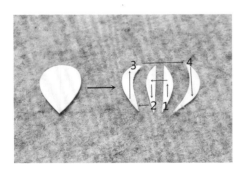

01

用碳素笔在卡纸上绘制出水滴形状的花瓣并将其裁剪为4份，注意左右对称，尖头的一端为花瓣内侧，另一端为外侧，缠制时，按图示的次序进行。

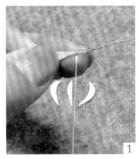

02

取一根铁丝，用藕色蚕丝线完成起头，添加一片花瓣内侧的卡纸，沿前一步中标示的缠绕方向用蚕丝线紧密地缠绕，缠制好后取另一片卡纸进行缠绕。

03

完成花瓣内侧的缠制，弯折铁丝将其合拢，用蚕丝线在末端打结固定，并将剩下的铁丝弯折90°，取一片花瓣内侧的卡纸置于铁丝之上用蚕丝线缠绕。

04

完成第3片卡纸的缠绕后在末端打结，将铁丝弯折至第3片卡纸与中间的两片卡纸合拢，用蚕丝线穿过与相邻的一片卡纸之间的缝隙并打结固定，添加最后一片卡纸。

05

完成最后一片卡纸的缠制后，弯折铁丝将所有卡纸并拢，形成完整的花瓣，用蚕丝线打结固定。

06

用笔刷蘸清水打湿花瓣表面，取黄色颜料和少许红色颜料用水稀释，用笔刷蘸黄色颜料少量多次地涂抹花瓣较为圆润的外侧，涂色时注意越靠近花瓣端点的位置颜色越深，花瓣顶端涂抹红色颜料。

主花样式2

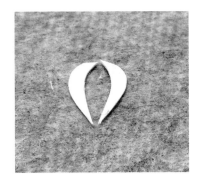

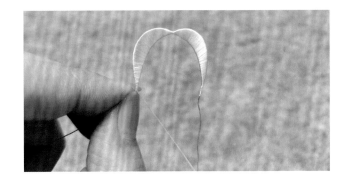

01

将"主花样式1"中的两片外侧图纸作为"主花样式2"的花瓣图纸。

02

取一根铁丝，一端预留出足够的长度，在铁丝上添加卡纸并完成缠制。缠绕的顺序是从一张卡纸的尖端开始缠至另一端结束，再添加第2片卡纸，两片卡纸首尾相接，缠至第2片卡纸的尖端。

03

弯折铁丝让花瓣闭合，用蚕丝线在花瓣末端的铁丝上多缠一段并打结固定。参考"主花样式1"中的方法为花瓣上色。

3. 主花花蕊的制作

01

取一根60mm长，直径为0.3mm的保色铜丝在一端6cm处弯折，串入红色装饰米珠，再将铜丝拧成一根花柱，长约1.5cm。

02

从另一端长的铜丝那头再加入一颗红色装饰米珠，在与第一个花柱长度差不多的位置弯折铜丝，仅将刚刚对折的铜丝拧紧，形成第二个长度约为1.5cm的花柱。

03

将剩余的铜丝按照相同的方法扭合起来。

04

取绿色蚕丝线，按由下到上再从上到下的顺序，包裹住铜丝。

05

以相同的手法，用蚕丝线将所有花柱的铜丝包裹起来，完成后在末端打结固定，即完成花蕊的制作。用同样的方法再制作一个花蕊。

4. 主花的组合

01

缠制5片"主花样式1"的花瓣，并给花瓣上色，取两片花瓣，用蚕丝线将花瓣预留的铁丝缠绕在一起，打结固定。

02

将事先制作好的花蕊同底部的铜丝卷在一起，并将其添加在两片花瓣的中央，用蚕丝线裹紧。

03

将剩余的花瓣添加进来，可以让部分花瓣上下重叠，制造高低错落的效果，用蚕丝线固定，即完成花瓣的组合。

04

完成"主花样式1"的花朵组合，调整花瓣的造型，将蚕丝线在花蕊中间穿过，让花蕊和花瓣的结合更结实，用钳子调整花蕊的弯曲幅度，让花朵更生动。

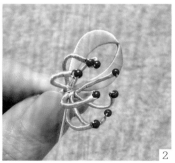

05

完成5片"主花样式2"花瓣的制作，取一个制作好的主花花蕊，将"主花样式2"的主花花瓣与花蕊组合，用蚕丝线将花瓣与花蕊固定在一起。

06

将剩余的花瓣添加进来，用钳子调整花蕊的弯曲幅度，用筷子辅助，将花瓣微微向上弯曲，让花朵显得更加真实、立体。

6.2.3 配花及叶片的制作

在前面两小节中已经介绍了主要部件的制作，本小节将介绍作为配花和叶片的缠制手法。

1. 制作材料及工具

- 白卡纸
- 30 号丝网花铁丝
- 自制花蕊
- 碳素笔
- 浅粉色、嫩绿色、翠绿色的
- 装饰珍珠
- 剪刀
- 蚕丝线

2. 配花的制作

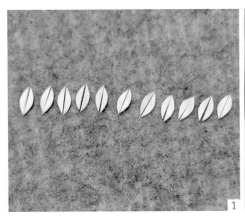
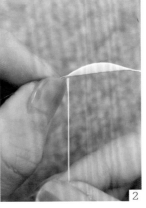

01

用碳素笔在白卡纸上绘制出细长叶片的图样，将其裁剪下来并从中剪成两半，取一根铁丝用淡粉色蚕丝线在铁丝的中间位置完成起头，添加卡纸用蚕丝线缠绕配花的花瓣。

02

将缠绕好的卡纸从中对折，把有铁丝的一端紧紧贴合在一起，另一端可以适当留出一些空间，注意不要弄破卡纸也不要让表面的蚕丝线滑落。在铁丝末端用蚕丝线打结固定，即完成一片配花花瓣的制作。

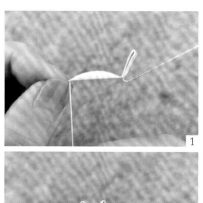

03

在制作完成的花瓣的一端的铁丝上添加一片卡纸，用相同的方法完成第2片配花花瓣的制作，一共需要制作8片花瓣。

04

将花瓣从中间的间隙向外打开，用手轻轻压一下，使卡纸向两侧延展，用相同的手法，调整配花的8片花瓣的造型。

05

将配花两端的铁丝合拢，用蚕丝线固定在一起，用手调整每片花瓣的形态。

06

在配花中间添加一个自制花蕊，用蚕丝线将其
与花瓣固定，自制花蕊的制作方法可以参考2.1.2
中的卡纸条花蕊的制作方法。

07

用相同的方法完成4朵配花的制作，其中一朵较
大，一朵适中，其余两朵较小。

3. 叶片的制作

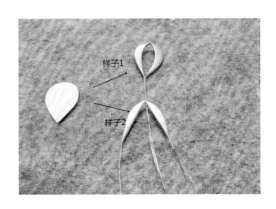

01

在卡纸上绘制出主花的花瓣图样并裁剪，将卡
纸分为两组，一组为花瓣的外侧，一组为花瓣
的内侧。

02

准备两根铁丝，分别用嫩绿色和翠绿色的蚕丝
线将两组卡纸缠绕好，从中间弯折铁丝，使两
边对称。

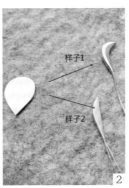

03

将铁丝上的两片卡纸合
拢，注意中间不要留出缝
隙，即可制作出两种不同
形状的叶片（样子1和样
子2），用手调整叶片的
弯曲弧度。

  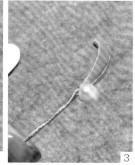

04

按照相同的方法制作6个"样子1"叶片，制作11个"样子2"叶片。制作叶片时可以适当添加装饰珍珠，让叶片更加美观。

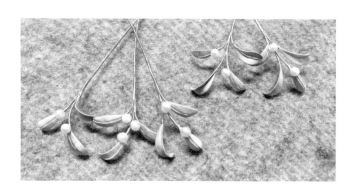

05

将叶片组合在一起，制作出5个叶片枝干，其中包括3个3片叶子的枝干和2个4片叶子的枝干，注意组合叶片时，要让叶片高低错落有致，这样会显得更加自然。

6.2.4　整体组装

各部件制作完毕后，本小节将介绍如何将其组装到一起。

1. 制作材料及工具

- 与各部件同色的蚕丝线
- 深色蚕丝线
- 钳子
- 圆珠笔
- 簪杆
- 酒精胶

2. 部件组合

01

准备"样式1"主花两枝，"样式2"主花一枝。两种主花各取一枝，用蚕丝线将一枝"样式1"和一枝"样式2"主花的铁丝包裹在一起，取另一枝"样式1"主花，添加在较下方的位置完成主花的组合，用手指调整主花的位置和朝向。

02

将缠制好的雀鸟添加在主花的一侧，轻轻弯折铁丝，让雀鸟和主花中间留出足够的空隙。取一枝配花添加在雀鸟和主花的空隙中（注意此时在配花下方，雀鸟和主花的间隙更大）。

03

将3枝配花分别添加在主花中间、主花和雀鸟一侧的空隙中、主花右侧下方的位置。

04

取两枝准备好的叶片，将其添加在主花上方，注意调整叶片的方向和姿态，将有装饰珍珠的一面朝上。

05

在主花的下方添加3枝叶片，添加时需注意叶片的位置和形态。

06

在适当的位置用蚕丝线将各部件的铁丝牢牢捆紧，弯折其中一根铁丝留用。

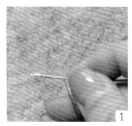
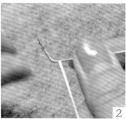
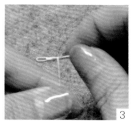

07

从各部件的铁丝中选一根，用蚕丝线在铁丝的末端起头，缠绕一段后将铁丝末端弯折，用蚕丝线裹紧并打结固定。

08

将铁丝缠绕在圆珠笔上为铁丝定型，制造出藤蔓的效果，重复相同步骤，完成两根藤蔓的制作。

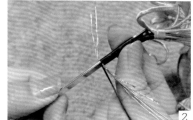

09

用深色蚕丝线将其余铁丝包裹起来做成花梗，将部分铁丝穿过簪杆上的圆孔，使花梗能够固定在簪杆上，用深色蚕丝线绕过簪杆，将其和铁丝一同裹紧。

10

重复上一步骤，将铁丝穿过簪杆上的圆孔，用蚕丝线包裹住使花梗与簪杆能牢牢固定在一起。

 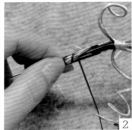 

11
将多余的铁丝向上弯折，用钳子将铁丝和花梗捏紧，用蚕丝线将铁丝包裹住并涂抹酒精胶以固定。

12
弯折花梗和簪杆连接处的铁丝，让整个缠花向上抬起。

6.2.5 成品展示与要点回顾

- 多片卡纸的添加顺序

- 制造渐变效果

- 自制花蕊的技巧

- 缠花部件的搭配

- 缠花主体与发簪的结合

6.3　冬梅不争桃李芳

6.3.1　红腹锦鸡的制作

　　红腹锦鸡是本款缠花中的重要点缀元素，其构造比较复杂。本小节将遵照从分到总的顺序，依次介绍红腹锦鸡各部件的制作方法和整体组合的方法。

1. 制作材料及工具

- ●白卡纸
- ●碳素笔
- ●剪刀
- ●30 号丝网花铁丝
- ●金色、粉色、红色的蚕丝线
- ●酒精胶

2. 嘴（上嘴和下嘴）的制作

01

用碳素笔在白卡纸上绘出上嘴的图样，用剪刀沿线裁剪下来，得到两张纸样。

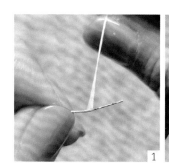

02

左手捏住铁丝，右手持一根已经劈丝的金色蚕丝线自左向右缠绕约1cm，再自右向左缠绕。

03

依次加入白卡纸，完成两片上嘴的缠绕。

04

参考上述步骤，完成两片下嘴的缠制。

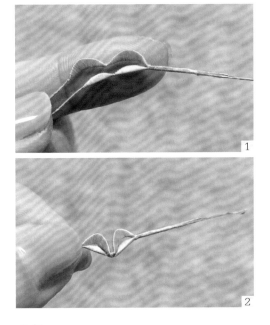

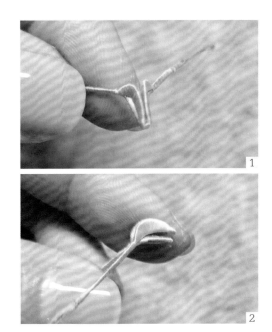

05

将上嘴和下嘴组合在一起，先固定一端，将上嘴弯曲至和下嘴等长，再固定另一端。

06

将上嘴和下嘴一起从中央处弯折，稍稍分开上嘴和下嘴。

3. 头部和鸡冠的制作

01

在白卡纸上绘出10组头部的羽毛图样，用剪刀沿线裁剪下来并用一根铁丝完成缠绕。

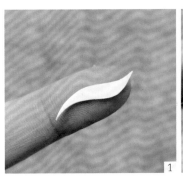

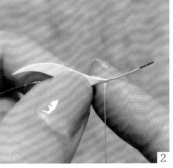

02

在白卡纸上绘出鸡冠的图案，用剪刀沿线裁剪下来，注意鸡冠整体应呈"S"形，且一端细另一端粗，从较粗的一端开始缠。

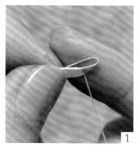 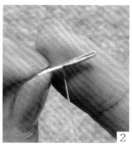 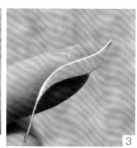

03

将起头端的铁丝回折到卡纸背面并夹紧，用蚕丝线继续缠绕，缠完后固定。

4.颈部和背部的制作

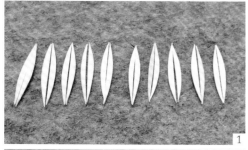

背部1	5个为一组
背部2	5个为一组

背部1号 背部2号

01

在白卡纸上绘出10组颈部的羽毛图样，用剪刀沿线裁剪下来，并用一根铁丝以粉色蚕丝线完成缠绕。

02

在白卡纸上分别绘出5组背部1号和背部2号的羽毛图样，用剪刀沿线裁剪下来，并分别用两根铁丝以红色蚕丝线完成缠绕。

5.腹部的制作

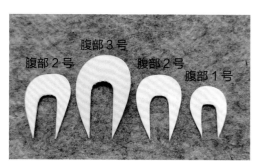

腹部2号 腹部3号 腹部2号 腹部1号

01

在白卡纸上分别绘出1个腹部1号、2个腹部2号和1个腹部3号的图样，用剪刀沿线裁剪下来。

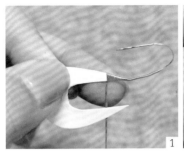 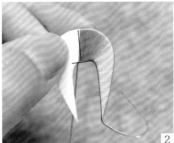 

02

取一根铁丝，加入白卡纸，用粉色蚕丝线进行缠绕，注意缠绕至中部时，蚕丝线应尽可能同卡纸内侧边保持垂直，为后半段的缠绕预留出足够的空间。

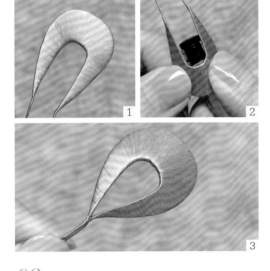 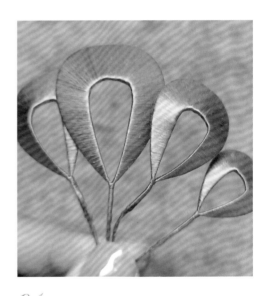

03

整片卡纸缠绕完毕后，固定并剪断余线，用笔辅助做出造型，使腹部羽毛呈现自然的弯曲状，然后用蚕丝线将羽毛两端的铁丝缠绕在一起。

04

参考第2、3步，完成各腹部羽毛的缠制。

6. 翅膀的制作

长羽

短羽

1.5cm×0.2cm

4个为一组

01

在白卡纸上绘出红腹锦鸡的翅膀羽毛图样，一组短羽，一组长羽，并用剪刀裁剪下来备用。

02

逐片单独缠绕，从翅膀羽毛的尖端自外向内缠，如果是右侧的翅膀，则自右向左缠，如果是左侧翅膀，则自左向右缠绕。

03

先组合4片长羽，再将短羽组合在长羽的根部，用酒精胶固定，防止羽毛松动移位。

04

参考上述步骤，完成另一侧翅膀的制作。

7. 尾巴的制作

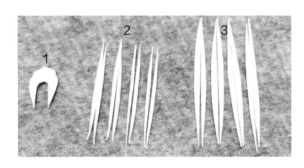

01

在白卡纸上绘出尾巴部件1~3的图样，其中部件1为1个，部件2共4组8个，部件3共4组8个，用剪刀沿线裁剪下来，分类摆放以便取用。

02

分别缠绕3种部件，其中部件1用金色蚕丝线缠绕，部件2和部件3用红色蚕丝线缠绕。

03

缠绕完毕后将各部件前后相叠，依次组合起来。

8. 组装

01
调整头部羽毛的造型并用粉色蚕丝线固定，注意使6组羽毛在上层，4组羽毛在下层，缠完后用笔做辅助，将羽毛向铁丝方向弯折。

02
将制作好的鸡嘴、鸡冠组合到头部，用蚕丝线固定，鸡冠应居于鸡嘴的正上方。

03
在铁丝一侧继续加入颈部，同样用蚕丝线固定。

04
使鸡嘴朝下，鸡冠朝上，在距离颈部约2.5cm处加入腹部1号，使其朝下，将腹部1号固定完毕后依次加入其余腹部部件，各部件间间距约为7mm，方向皆朝下。

05

在腹部1号前方加入背部1号，注意背部1号应紧靠腹部1号，将其固定好后，用同样的方法在腹部3号前方加入背部2号。

06

在腹部2号的两侧加入翅膀，注意不要弄混左右翅膀，翅膀适当向后弯折，使其呈现自然舒展的状态。

07

将红腹锦鸡的身体部分（背部、腹部和翅膀部件）的羽毛向后弯折，注意弯折时用圆柱状的工具辅助，使红腹锦鸡的身体尽可能保持圆润和谐的姿态。

08

用类似的手法调整红腹锦鸡的头部，调整时注意各部件的朝向，且应使头部同身体尽可能协调。

09

在红腹锦鸡的后方加入尾巴，用蚕丝线固定，尾羽朝上。

10

将组合尾部时多余的铁丝用金色蚕丝线缠绕成枝丫状，铁丝尾端分成两部分。

11

将缠绕过的铁丝向回折，从腹部2号和3号中央的孔洞自后向前穿过，正好从红腹锦鸡的身体下方伸出，将铁丝尾端分别制作成红腹锦鸡的两条腿，并弯折出鸡爪的形状。

6.3.2 蜡梅的制作

蜡梅是本款缠花的主体元素之一，包括花朵和花蕊两部分。本小节将介绍蜡梅花朵和花苞的制作方法，以为后面的整体组装做准备。

1. 制作材料及工具

- 白卡纸
- 碳素笔
- 剪刀

- 黄色蚕丝线
- 30 号丝网花铁丝
- 筷子

- 成品花蕊
- 直径为 6mm 的琉璃南瓜珠

2. 蜡梅花的制作

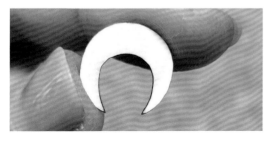

01

用碳素笔在白卡纸上绘出蜡梅花瓣的图样，花瓣呈弯月状，左右对称，用剪刀沿线裁剪下来。

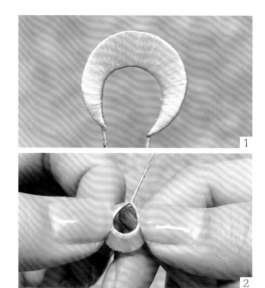

02

取一根蚕丝线和一根铁丝，先起头再加入白卡纸缠绕，缠绕时要注意控线，缠到白卡纸中央时，应尽量使蚕丝线与白卡纸的对称线重合。

03

对花瓣进行缠绕，缠完后将花瓣两端的铁丝合拢，用蚕丝线固定，用筷子辅助调整瓣身的形态，使花瓣内侧向上突起。

04

取若干枚成品花蕊，用蚕丝线将其扎成1束，制作多个这样的花蕊束。

05

参考第1~3步，制作若干片蜡梅花瓣并将其组合成蜡梅花朵，取3片或5片进行组合即可，将花蕊束固定在蜡梅花朵的中心。

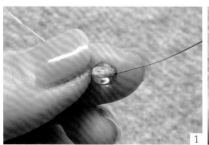

06

取一根铁丝，串入一颗直径为6mm的琉璃南瓜珠，将一端铁丝从珠子的另一端再次穿入并拉紧，固定珠子。

07

将一端铁丝弯折，使其紧贴珠身，同另一端的铁丝汇合，并将其缠绕在另一端的铁丝上，注意此时包裹珠身的铁丝应与之前再次穿入珠子的铁丝左右对称。

08

参考上述步骤，制作6朵5瓣蜡梅花、8朵3瓣蜡梅花、12个蜡梅花苞，分组摆放以便取用。

6.3.3 整体组装

制作完各部件后，就要将它们依次组装起来，上一小节中制作的蜡梅花朵和花苞需要在制作花枝的过程中进行组装。本小节将介绍花枝的制作方法，并穿插介绍各部件的组装方法。

1. 制作材料及工具

- 30 号丝网花铁丝
- 直径为 1mm 的铁丝
- 棕色弹力丝
- 棕红色蚕丝线
- 棉花条

2. 花枝的制作

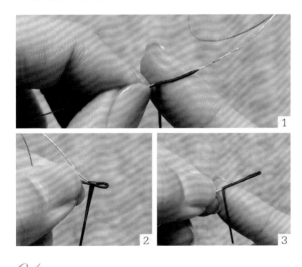

01

取一根约25cm长的铁丝，从中间部分开始缠线。

02

一边在铁丝上缠线，一边随机加入蜡梅花朵或花苞。

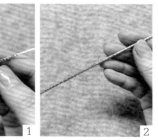

03

参考上述步骤，一共制作7个类似的花枝，每个
花枝上的花朵、花苞数目不定，预留2朵5瓣蜡梅
花即可。

04

取直径为1mm的铁丝，将多根铁丝组合起来，
使铁丝加长加粗，用30号丝网花铁丝固定。

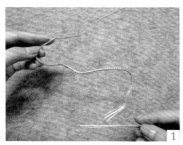

05

将加长加粗后的铁丝弯折出枝
干的形状。将之前制作的小花
枝摆放在铁丝的不同位置上，
观察整体是否和谐。

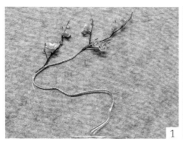

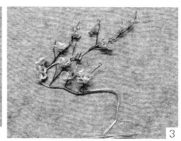

06

用30号丝网花铁丝将7个花枝和2朵5瓣蜡梅花分别固定在枝干上，注意30号丝网花铁丝应从枝干的枝头
处开始缠，一直缠绕至枝干根部。

07

用棉花条在枝干上缠绕，将枝
干完全覆盖住。

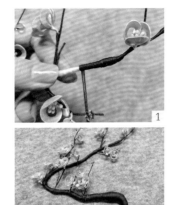

08
用棕色弹力丝缠绕枝干，将棉花条完全覆盖住。

09
用蚕丝线缠绕枝干，将棕色弹力丝完全覆盖住。

10
将红腹锦鸡固定在枝干上即完成制作。

6.3.4 成品展示与要点回顾

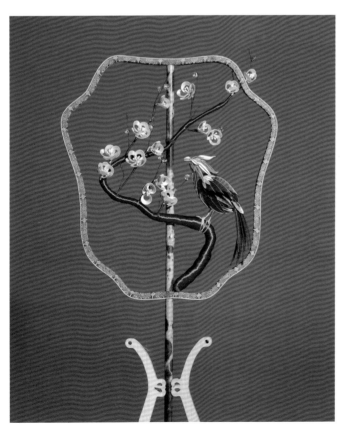

◉ 红腹锦鸡的缠绕和组合

◉ 弯月形蜡梅花瓣的缠绕与控线

◉ 蜡梅花苞的制作

◉ 花枝的组合

6.4　太清宫下降雪红

6.4.1　松枝的制作

松枝是本款缠花中的重要装饰元素。本款缠花中的松枝包括蓝色松枝和白色松枝，在后续的操作中我们可以通过叠加组合的方法给松枝打造出不同的效果。本小节将介绍单个松枝的制作方法。

1. 制作材料及工具

- 蓝色、白色、绿色的蚕丝线
- 锥子
- 钳子
- 30 号丝网花铁丝
- 502 胶

2. 松枝的制作

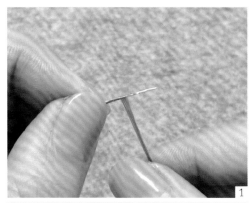

01

取一根蓝色蚕丝线，劈丝后对折，左手持一根20cm长的铁丝，右手持蚕丝线在铁丝上自左向右缠绕约1cm，再自右向左缠绕。

02

缠绕一段距离后，调整缠线的手法，右手在下慢慢转动铁丝，左手在上轻轻拿住铁丝和蚕丝线，一边感受铁丝的转动，一边使蚕丝线均匀地缠绕在铁丝上，直至整根铁丝都被蚕丝线包裹起来。

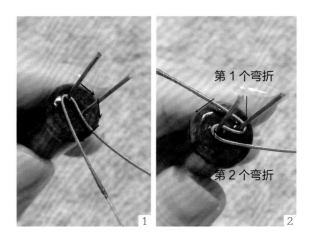

03

在锥子的顶部穿两个孔，两孔的内间距为5mm、外间距为7mm，在孔内分别穿入两根铁丝，用502胶固定。

04

将刚刚缠好铁丝的一端勾在锥子上伸出的铁丝上，形成第1个弯折，将锥子沿顺时针旋转，使铁丝形成第2个弯折。

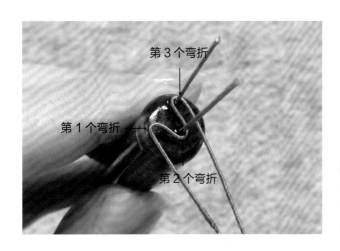

05

将第2个弯折换到另一根铁丝上，第1个弯折此时已脱离了锥子上的铁丝，逆时针旋转锥子，形成第3个弯折。

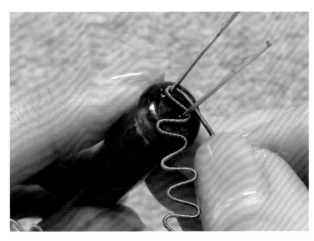

06

将第3个弯折更换至锥子上的另1根铁丝上，此时第1、2个弯折都已脱离锥子，顺时针旋转锥子，形成第4个弯折。

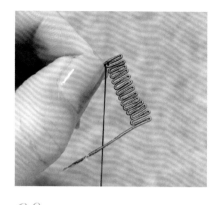

07

参照第4~6步，完成整根铁丝的弯折，然后用钳子把铁丝的弯折处夹紧。

08

取一根绿色蚕丝线，在弯折后的铁丝的一端缠绕固定。

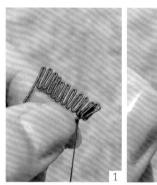

09

将铁丝的一端向另一端卷起，用绿色蚕丝线在铁丝弯折处的根部缠绕固定。

10

卷完后，将铁丝顶部稍稍掰开，用绿色蚕丝线从铁丝上方向下缠绕几圈固定，一个蓝色松枝制作完毕。

11

参考上述步骤，制作21个蓝色松枝，再更换蚕丝线的颜色，制作20个白色松枝。

6.4.2 山茶的制作

山茶在本款缠花中不仅是重要的装饰元素，还能起到画龙点睛的作用，能在以冷色调为主的作品中提亮画面。本小节将介绍山茶的制作方法。

1. 制作材料及工具

- 白卡纸
- 碳素笔
- 剪刀
- 红色、黄色的蚕丝线
- 30 号丝网花铁丝
- 筷子
- 成品石膏牡丹花蕊
- 酒精胶

2. 山茶的制作

01

用碳素笔在白卡纸上绘出山茶花瓣的图样，用剪刀沿线裁剪下来，得到弯月状、左右对称的白卡纸花瓣，取铁丝和红色蚕丝线缠绕，注意加入白卡纸的位置距离铁丝尾端约1cm。

02

缠绕时注意控线，使蚕丝线缠至中间时，蚕丝线与花瓣下边沿垂直，为后半段的缠绕预留出足够的空间。为了方便缠线，可以弯折已缠好的部分花瓣。

03

缠好后将花瓣两端收拢，用筷子弯曲花瓣中间后再将两端固定。

04

参考上述步骤，制作5片山茶花瓣，将5片山茶花瓣呈螺旋状组合起来。

05

取一簇成品石膏牡丹花蕊，用黄色的蚕丝线将其缠绕固定，然后剪去多余部分。

06

在花蕊被剪断处涂抹酒精胶，将花蕊固定在山茶的中央。参考以上步骤，再制作两朵山茶。

6.4.3　整体组装

　　制作完各部件后，就需要将它们组装在一起。本小节将介绍松树枝干的制作方法及各装饰部件的组装方法。

1. 制作材料及工具

- 直径为 1mm 的铁丝
- 30 号丝网花铁丝
- 绿色蚕丝线
- 棉花条
- 绿色弹力丝

2. 组装各部件

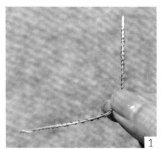

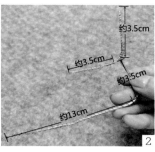

01

取两根直径为1mm的铁丝合并，然后将其弯折为反"L"形，另取两根直径为1mm的铁丝制作出一个更大的反"L"形，两者都用30号丝网花铁丝固定，并将两者组装在一起。

153

02

将之前制作好的松枝以叠加的方式组装在一起，颜色随机组合即可，取4个松枝以"左3右1"的形式组装为一组。

03

取6个松枝以"左4右2"的形式组装为一组。

04

另取14个松枝以"左10右4"的形式组装为一组。

05

取5个松枝以叠加的方式组装为一组。

06

将3个松枝固定在组装好的铁丝顶端，用30号丝网花铁丝牢牢包裹住松枝和铁丝的连接处。

07

在下方加入一组"左4右2"的松枝，注意使其同顶端的3个松枝相依，同样以30号丝网花铁丝固定。

08

在正面加入一个单独的松枝，在下方留出一小段距离，加入一组"左3右1"的松枝。

09

在正面加入一个单独的松枝，在下方一小段距离外再加入一组"左10右5"的松枝。

10

在下方留出一段距离，在铁丝的一侧加入一组5个的松枝，注意5个松枝应同上方的10个松枝居于同一侧，使松树呈现出"一侧多、另一侧少"的形态。

11

用棉花条将铁丝紧紧包裹起来。

12

用绿色弹力丝包裹铁丝，覆盖棉花条，调整整体形态。

13

将下方最长的一段枝干对折并往回弯折，加入山茶并用绿色弹力丝固定。

14

用绿色蚕丝线包裹铁丝，以覆盖绿色弹力丝，完成外层的固定。

6.4.4 成品展示与要点回顾

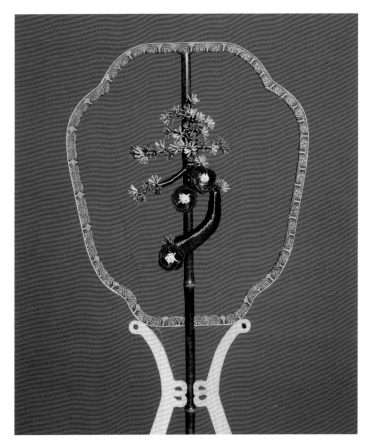

◉ 用锥子弯折铁丝

◉ 一边控线一边缠绕弯月状的山茶花瓣

◉ 松枝的制作

6.5　满架蔷薇一院香

6.5.1　蔷薇的制作

蔷薇是本缠花的主要构成部分，本小节将详细介绍 3 种不同形态的蔷薇的制作方法。

1. 制作材料及工具

- 白卡纸
- 石榴红色、柳黄色的蚕丝线
- 筷子
- 碳素笔
- 白乳胶
- 装饰珍珠
- 剪刀
- 笔刷
- 钳子
- 30 号丝网花铁丝
- 锁边液

2. 花瓣的制作

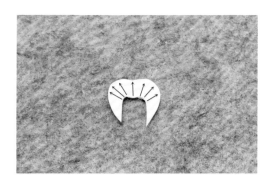

01

用碳素笔在白卡纸上绘制出花瓣的图样并用剪刀裁剪，为了营造镂空的效果，花瓣中间需适当裁剪掉。

02

取一根铁丝，在铁丝一端预留3~5cm，用石榴红色的蚕丝线完成起头的操作并添加卡纸。

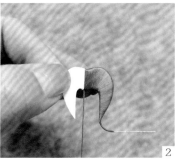

03

用蚕丝线沿着卡纸缠绕，注意需要紧密且不重叠地沿卡纸上侧边缘缠绕，而下侧的蚕丝线可以适当重叠，让蚕丝线在卡纸表面呈放射状。

157

04

当卡纸缠绕过半后，用手指轻轻弯折卡纸，使卡纸具有一定的弧度，以便缠绕剩余的部分。

样式1

锁边液

05

用蚕丝线缠制完成后在末端打结并涂抹上白乳胶固定，用笔刷将锁边液涂满花瓣背面，直至锁边液完全干透，即可得到第1种样式的花瓣造型。

06

取相同形状的卡纸，用手指在花瓣上轻轻压出折痕，参考第2~5步的方法，用蚕丝线沿卡纸缠绕，注意缠制时不要用力拉扯蚕丝线，要沿卡纸折痕进行缠制。

小提示

可以将筷子、笔等圆柱形物体放置在卡纸下方，用圆柱体轻压卡纸两端，让花瓣边沿向着同一方向自然地卷曲。由于卡纸卷曲，因此缠制时要注意用力均匀，缠制好后可以用手指轻微调整花瓣的造型，即可得到第2种边沿卷曲的花瓣造型。

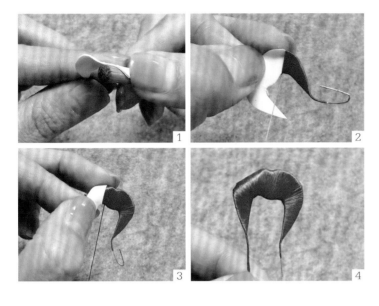

07

参考小提示中的内容，取一片新的花瓣卡纸，将卡纸边沿压卷曲，但花瓣两边的卷曲方向要相反。用与之前相同的方法缠制，缠制时，用中指抵住花瓣卷曲的边沿，并均匀地用力以让蚕丝线将卡纸包裹住，在结尾处打结并涂上白乳胶固定。

08

缠制完成后就获得了第3种样式的蔷薇花瓣，在花瓣背面涂抹上锁边液，待其干后便可用于组合花朵。

3. 花托的制作

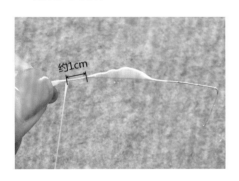

01

在白色卡纸上绘制细长的叶片，用剪刀裁剪并将其从中分为两半，共准备6组、12张卡纸。取一根铁丝，在其一端4~5cm处用柳黄色蚕丝线起头，添加一半叶片的卡纸完成缠绕，然后在距离1cm处添加另一半叶片的卡纸。

02

完成另一片卡纸的缠制，弯折铁丝让两片卡纸的末端合拢并在结尾处打结固定，取下一组卡纸继续缠制。

03

完成6组卡纸的缠制，用钳子将卡纸尖端的铁丝捏紧，两片卡纸也要贴紧，中间不留空隙。将每一片的花托卡纸都向上弯折，并用筷子略微弯折花托的尖端，使花托尖端向外卷曲，

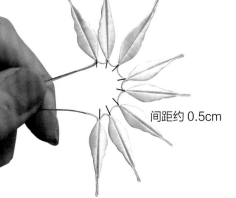

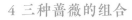
间距约 0.5cm

04

参考第1步、第2步制作由8组卡纸组成的花托。需要注意，每组卡纸缠制完成后添加新一组卡纸时需要留出约0.5cm的间距。

05

用卡纸将卡纸尖端的铁丝捏紧，用手指将花托向上微微弯折，并用筷子略微弯折花托的尖端，闭合花托两端的铁丝用蚕丝线打结固定。

> **小提示**
>
> 两种大小不同的花托适合搭配大小不同的蔷薇，在使用时，制作者需要根据花朵的大小和形状适当调整花托的形状。

4 三种蔷薇的组合

❀ 含苞待放的蔷薇的组合

01

取3片样式1的蔷薇花瓣，将筷子放在花瓣内侧正中间的位置，用手轻轻地将花瓣沿筷子卷曲。

02

将花瓣两端的铁丝合拢并用蚕丝线打结固定，用筷子将花瓣两边弯曲定型，使花瓣呈现立体镂空的效果。

03

以相同手法为3片样式1的蔷薇花瓣制作同样的造型，并将花瓣组合成一朵含苞待放的蔷薇。

04

右手捏住蔷薇花瓣，将其翻转过来，左手将花瓣下的铁丝旋紧。添加制作好的花托，并用蚕丝线将花托和蔷薇花瓣下的铁丝包裹起来，即可完成含苞待放蔷薇的组合。

❀ 小蔷薇的组合

01

取3片样式2的蔷薇花瓣，用筷子分别提高每片花瓣的弯曲度，让花瓣呈现出由内向外绽放的形态。

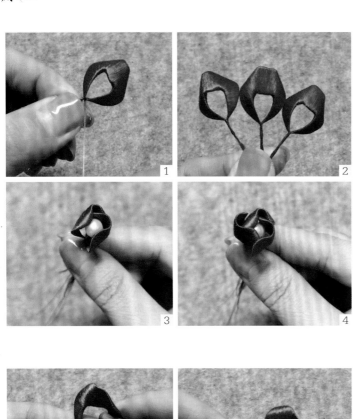

02

闭合花瓣两端的铁丝并用蚕丝线打结固定，用相同的手法完成3片花瓣的制作，在铁丝上穿上一颗装饰珍珠，用制作好的3片花瓣将装饰珍珠包裹起来。

03

取3片样式3的蔷薇花瓣，同样用筷子使花瓣弯曲，合并花瓣两端的铁丝并用蚕丝线打结固定。

04

将准备好的3片样式3的蔷薇花瓣包裹在用样式2的蔷薇花瓣组成的花朵外，将所有蔷薇花瓣的铁丝旋紧，并添加一个花托，适当调整花朵的形态即可完成小蔷薇的组合。

❀ 大蔷薇的组合

01

参照小蔷薇的组合方法，完成一朵小蔷薇的组合，取5片较大的蔷薇花瓣，以"小蔷薇的组合"中第3步的方法处理花瓣，让蔷薇花瓣更加卷曲，并将大花瓣包裹在小蔷薇外侧。

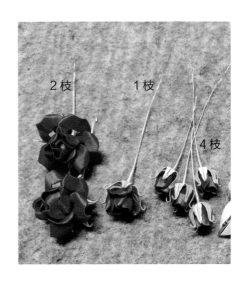

02

将所有蔷薇花瓣下方的铁丝拧紧，在花朵下方添加一个较大的花托，并用蚕丝线将铁丝包裹住，即可完成大蔷薇的组合。

03

按照小蔷薇和大蔷薇的组合方法，完成不同形态的蔷薇制作，即含苞待放的蔷薇4枝、小蔷薇1枝和大蔷薇2枝。

6.5.2 叶片与蝴蝶的制作

叶片和蝴蝶是本款缠花中起点缀作用的部件，本小节主要讲解叶片和蝴蝶的制作方法。

1. 制作材料及工具

- 白卡纸
- 30 号丝网花铁丝
- 米珠
- 碳素笔
- 浅黄色、金色的蚕丝线
- 装饰珍珠
- 剪刀
- 白乳胶

2. 叶片的制作

🌸 叶片样式1

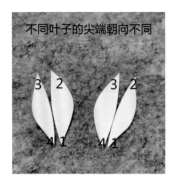

01

用碳素笔在白卡纸上绘制好叶片的图样，绘制时注意叶片不要对称，叶片整体画得大一些，叶片的两片卡纸两侧均为弧形，内侧弧度小，较平缓，外侧弧度大。用剪刀裁剪，按照叶子尖端不同的朝向摆放好待用。

02

因叶片较大需要足够的支撑，所以取两根铁丝合拢，在一端留出部分铁丝并用浅黄色蚕丝线起头，添加一片卡纸，从位置1处开始缠制，用蚕丝线均匀缠绕至位置2。

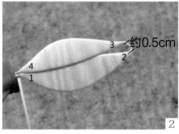

03

缠制完后留出约0.5cm的间隙，添加下一片卡纸，从位置3开始向位置4缠制，弯折铁丝在结尾处打结固定。

04

将叶片放在碳素笔上，沿笔身轻轻弯曲叶片，让两片卡纸贴紧，中间不留缝隙。

叶片样式2

01

取两根铁丝，用浅黄色蚕丝线起头，添加卡纸并缠制，在结尾处打结并涂抹上白乳胶，用金色蚕丝线在卡纸末端重新起头。

02

在距离上一片卡纸约0.5cm处添加另一片卡纸，并用金色蚕丝线紧密地缠绕卡纸，缠完后，将铁丝弯折，在末尾处用蚕丝线打结固定。

03

将叶片放在碳素笔的笔身上适当弯曲，并让叶片的中缝对齐，即可得到样式2的叶片。

叶片样式3

01

取事先准备好的叶片卡纸，用剪刀在卡纸的外侧边缘修剪出若干圆弧。

02

取两根铁丝，用金色蚕丝线起头，并添加修剪过的卡纸，参考制作样式2的叶片的第3~4步，完成样式3的叶片的制作。

3. 蝴蝶的制作

01

用浅黄色蚕丝线缠制出一片左右对称的叶片，弯折叶片，使其呈现出一定的弧度。合拢铁丝两端，并在铁丝上穿上米珠，将铁丝弯折并将米珠置于叶片的表面，完成蝴蝶上翅的制作。

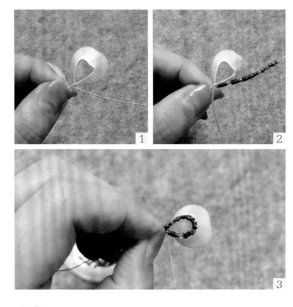

02

用浅黄色蚕丝线和蔷薇花瓣的图样缠制蝴蝶下翅，弯折铁丝穿上米珠，并将其沿卡纸底部边沿围上一圈。

03

缠制蝴蝶上翅和下翅各两片，并组装上带装饰珍珠的弹簧形状的触须。

6.5.3　整体组装

各部件制作完毕后，就要进行作品的整体组装和造型调整。本小节将介绍各部件的组装方法。

1. 制作材料及工具

各部件的同色蚕丝线

2. 组装

01

准备含苞待放的蔷薇4枝和大蔷薇2枝、小蔷薇1枝、蝴蝶1个和叶片16枝。将不同的部件整理、摆放出大致的造型。

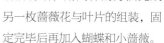

02

将含苞待放的蔷薇同叶片组装在一起，注意叶片的位置应当错落有致，用同样的方法完成另一枚蔷薇花与叶片的组装，固定完毕后再加入蝴蝶和小蔷薇。

03

准备两枝大蔷薇，取其中一枝，并将其同一枝含苞待放的蔷薇、叶片组装在一起，将已经组装完毕的两枝蔷薇花叶分别组装在大蔷薇的左右两侧。

04

将第二枝大蔷薇同叶片组装在一起，固定完毕后组装至另一枝大蔷薇的下方。

6.5.4 成品展示与要点回顾

◉ 缠制立体镂空的蔷薇花瓣

◉ 缠制蔷薇花瓣的手法

◉ 花托的制作

◉ 把握不同样式叶片的制作方法

6.6 素花栀子半临池

6.6.1 栀子花的制作

栀子花是本款缠花的主体部分，包括大号栀子花和小号栀子花各一朵，所需的部件有所重合，因此本小节将以各部件的制作为线索，穿插介绍栀子花的组装方法。

1. 制作材料及工具

- 白卡纸
- 碳素笔
- 剪刀
- 筷子
- 淡黄色、金色的蚕丝线

- 30 号丝网花铁丝
- 白乳胶
- 锁边液
- 酒精胶
- 棉花条

- 黄色水彩笔
- 银色油漆笔
- 直径为 1.75mm 的尿素珠

2. 花瓣 1 号的制作

01
用碳素笔在白卡纸上绘出花瓣1号的图样，用剪刀裁剪下来，用筷子卷曲花瓣1号的边缘。

02
将淡黄色蚕丝线劈丝后再合成一股，取一根铁丝，左手持铁丝自左向右缠绕一段，再自右向左盖住之前缠绕的蚕丝线。

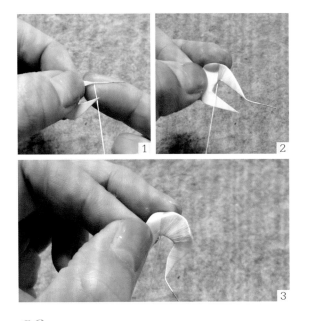

花瓣1号

03

加入白卡纸，继续自右向左缠绕，由于白卡纸是曲面的，在缠绕时要注意拉紧蚕丝线。

04

缠绕完毕后在尾端涂抹适量白乳胶并用蚕丝线缠绕几圈，覆盖白乳胶的痕迹。

05

在花瓣1号的正、反面涂上锁边液，待锁边液风干后再用筷子调整花瓣的造型。

5个花瓣1号

06

共制作5个花瓣1号并将其组合成一束。

3. 花瓣 2 号的制作

花瓣 2 号

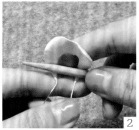

5 个花瓣
2 号

01

绘制并缠绕花瓣2号，由于花瓣2号尺寸较大，可以使用两根蚕丝线（共4股）进行缠绕，完成后同样用锁边液定型并弯折花瓣。

02

制作5个花瓣2号。

03

将花瓣2号以螺旋状依次同花瓣1号组合起来，栀子花便制作完成。

4. 花瓣 3 号的制作

花瓣 3 号

01

在白卡纸上绘出花瓣3号的图样，用剪刀沿线裁剪可得到4张花片，将两张外侧花片的边缘弯折。

02

取两张内侧花片，用两根蚕丝线进行缠绕。

03

缠绕完毕后将两张内侧花片合拢，用筷子或碳素笔（圆柱状物品即可）将花片弯折出弧度，对齐中缝。

04

在铁丝上加入一张外侧花片，使稍尖的一端贴近花瓣根部。

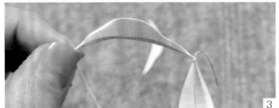

05

用同色蚕丝线继续缠绕，如果缠绕时感到不便，可以将其翻转，使贴紧铁丝的一面（即白卡纸的背面）朝上进行缠绕。

06

缠完后将外侧花片向内侧花片收拢，使外侧花片的内侧边贴紧内侧花片。

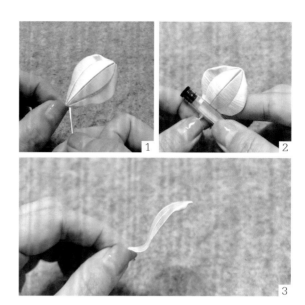

07

加入另一张花片，从花片较粗的一端开始缠绕。

08

用碳素笔或筷子卷曲花瓣3号，使其从侧面看整体呈"S"形。

09

参考第8步，再制作一片弯曲的花瓣3号，将两片花瓣交叠在一起，左右稍微错开，在根部用酒精胶粘贴固定。

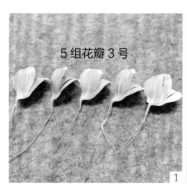
5 组花瓣 3 号

10

参考第1~8步，一共制作10片花瓣3号，两两组合成5组花瓣3号，将其固定在栀子花的外围。

11

在栀子花根部涂抹白乳胶，缠绕棉花条，覆盖白乳胶痕迹。

12

用黄色水彩笔在棉花条上涂抹上色，使根部同花朵在色彩上更加和谐，这样大号栀子花便制作完成了。

5. 大号花托的制作

大号花托

01

在白卡纸上绘出大号花托的形状，注意花托的一头尖而细，一头尖而粗，花托由6片叶片（共12片卡纸）组成，用金色蚕丝线依次缠绕并组合即可。

手指按住的一圈内部涂酒精胶固定

02

将花托固定在栀子花的根部，用酒精胶粘牢。

03

用筷子将花托外侧的尖部弯折出一定弧度。

6. 小号栀子花的制作

01

参考前文所述步骤，制作5片花瓣1号和5片花瓣2号，组合成1个小号花朵。

小号花托

02

参考制作大号花托的步骤，制作一个小号花托。

03

用酒精胶将小号花托固定在小号花朵的根部，弯折花托尖端，使其向外侧卷曲。

7. 小叶片的制作

01

在白卡纸上绘出叶片的图样，用剪刀沿线裁剪下来，得到两片卡纸。

02

取3根铁丝、2根金色蚕丝线，起头后加入白卡纸缠绕。

03

加入另一片白卡纸，同已经缠绕完毕的一片头尾相连，两片卡纸皆缠绕完毕后将其合拢，将铁丝的两端固定在一起。

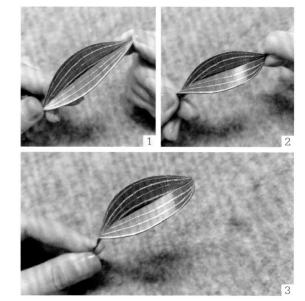

04

用银色油漆笔在叶片上画出叶脉。

05

将叶片适当弯曲，令叶片的中缝紧紧贴合。

8. 大叶片的制作

01

参考制作小叶片的步骤，绘制大叶片的图样。

02

取4根铁丝，将铁丝一端缠绕在一起，另一端留出1根铁丝不缠绕。

03

加入白卡纸继续缠绕，缠完一片后涂抹白乳胶固定。

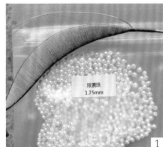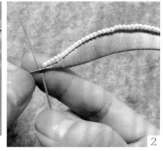

04

在预先留出的铁丝上串入直径为1.75mm的尿素珠，串有尿素珠的铁丝长度应同叶片外侧边的长度相等，缠绕完毕后将铁丝贴紧叶片外侧，并将其同叶片末端的3根铁丝合并，用蚕丝线固定。

05

留出一根铁丝，在另外3根铁丝上加入另一片白卡纸继续用蚕丝线缠绕。

06

第2片叶片缠绕完毕后，参考第4步，在预留的铁丝上串入直径为1.75mm的尿素珠并固定铁丝。

07

用银色油漆笔在叶片上画出叶脉，弯折叶片使中缝合拢。

08

参考前文所述步骤，制作3片小叶片、2片大叶片。

09
将1片大叶片和2片小叶片固定在大号栀子花的茎部，将1片大叶片和1片小叶片固定在小号栀子花的茎部。

6.6.2 蜂鸟的制作

蜂鸟是一种喜食花蜜的鸟类，拥有一个用于汲取花蜜的长喙。在以花朵为主题的缠花中加入蜂鸟，能使缠花看起来更加生动、真实，增加缠花的意趣。本小节将介绍蜂鸟的制作方法。

1. 制作材料及工具

- 白卡纸
- 30号丝网花铁丝
- 白乳胶
- 碳素笔
- 蓝色、金色的蚕丝线
- 剪刀
- 酒精胶

2. 翅膀的制作

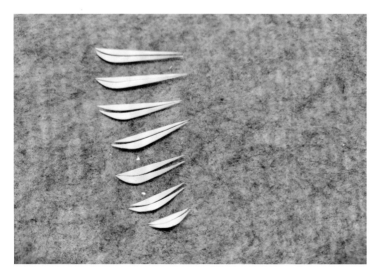

01
用碳素笔在白卡纸上绘出7根羽毛的图样，每根羽毛由2张卡纸组成，用剪刀沿线裁剪可得到14张卡纸。

02

左手持铁丝，用蓝色蚕丝线起头，依次加入卡纸并继续缠绕，每缠绕完两张卡纸，将铁丝两端合拢并用蚕丝线固定。

03

在同一根铁丝上完成7根羽毛的缠绕。

04

用酒精胶将羽毛逐层粘贴在一起，使蜂鸟的一侧翅膀成形。

蜂鸟翅膀2　　　需要4个为一组

05

在白卡纸上绘出4片短而圆润的羽毛的图样，沿线裁剪下来并用金色蚕丝线缠绕。

06

将金色羽毛固定在翅膀的根部。参考上述步骤，完成另一侧翅膀的制作。

3. 眼睛的制作

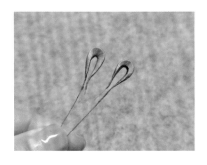

01

在白卡纸上绘出两个蜂鸟眼睛的图样，用剪刀沿线裁剪下来，取两根铁丝和蚕丝线分别缠绕。

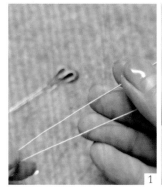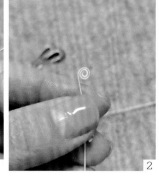

02

取10cm长的铁丝，将铁丝的一端弯折几圈。

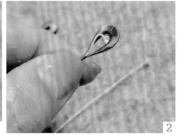

03

将弯折后的铁丝固定在已经缠好的眼睛上，注意让铁丝圆圈部分恰好位于眼睛的内侧。

4. 背部与腹部的制作

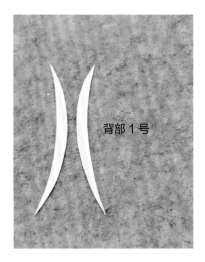

背部1号

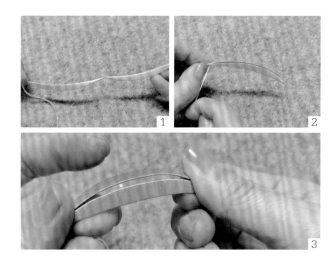

01

在白卡纸上绘出两个背部1号的图样，用剪刀沿线裁剪下来。

02

取一根铁丝和蚕丝线，完成两个背部1号的缠绕，缠完后将两片合拢。

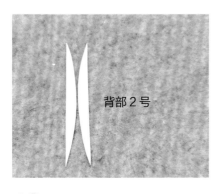

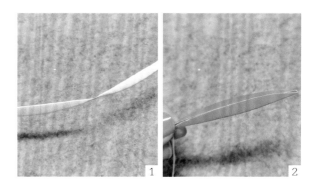

03

在白卡纸上绘出两个背部2号的图案，
用剪刀沿线裁剪下来，注意背部2号的
外侧边是平直的。

04

取一根铁丝和蚕丝线，完成两个背部2号的缠绕，缠完
后将两片合拢。

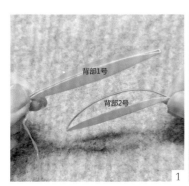

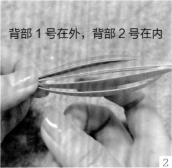

背部 1 号在外，背部 2 号在内

05

组合背部1号和背部2号，注意保持背部1号在外、背部2号在内，且两端皆留有铁丝，方便之后同其他部
件进行组合。

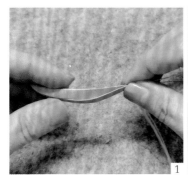

06

参考第1~2步，用与背部1号相同的图样缠制腹部1号，但缠完后收拢2张卡纸的方法有所不同，依照如
图所示的方法完成对卡纸形状的调整。

5.侧身的制作

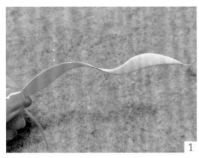 

01

完成侧身的缠绕并收拢
两片，使中缝完全紧密
贴合，在根部固定。

02

取之前制作完毕的蜂鸟
翅膀，将铁丝从侧身
的中缝中插入，调整位
置，固定牢固。

03

参考上述步骤，制作对
称的两个侧身。

6.将已完成的部分组合

01

取之前制作好的蜂鸟腹部，左手捏住腹部的尾端，腹部的根部则朝向右手边。

02

将蜂鸟翅膀和背部依次组合在蜂鸟腹部上，先组合根部，再固定尾端，注意在调整位置时不要一味追求对称，而要找到合适的位置，先仔细比对再进行固定。

03

将蜂鸟眼睛固定在蜂鸟头部，铁丝朝外，用金色蚕丝线缠绕约4cm长，作为蜂鸟的长喙。

04

剪去多余的铁丝，用白乳胶将蚕丝线固定在嘴部背面。

7.鸟尾与最终组合

蜂鸟尾巴

01

在白卡纸上绘出3片尾羽的图样，用剪刀沿线裁剪下来。

02

取一根铁丝和两种颜色的蚕丝线进行缠绕。

03
将鸟尾从背部尾端的中缝由上至下插入，固定牢固，然后将尾部稍稍向下压平。

04
将蜂鸟固定在栀子花上，适当调整整体造型。

6.6.3 成品展示与要点回顾

- ◉ 栀子花花瓣的制作与组合
- ◉ 蜂鸟各部件的制作与组合
- ◉ 双线缠绕
- ◉ 蜂鸟长喙的制作

6.7 唯有牡丹真国色

6.7.1 牡丹花的制作

　　牡丹花是本款缠花的主体，在制作时，我们要对不同尺寸的花瓣进行组合，因此其花型错落有致，既显大方又雕饰精巧。本小节将对牡丹花的制作步骤进行介绍。

1. 制作材料及工具

- 白卡纸
- 碳素笔
- 剪刀
- 红色的蚕丝线

- 30 号丝网花铁丝
- 白乳胶
- 锁边液
- 米珠

- 保色铜丝
- 棉花条
- 彩笔

2. 花苞的制作

01

用碳素笔在白卡纸上绘出中号花瓣的图样，注意花瓣应左右对称，绘制完成后用剪刀沿线裁剪，取一根蚕丝线，先劈分再合并使用。

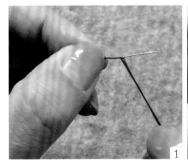

02

取一根铁丝，左手捏住铁丝，右手持蚕丝线，将蚕丝线先由左向右缠绕约1cm，再从右向左缠绕，完成起头。

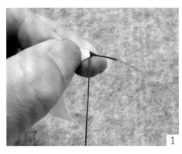 

03
将白卡纸放置在铁丝上方，继续从右至左缠绕，在花瓣的不同位置，缠绕的弧度是不一致的，因此在缠绕过程中要时刻注意拉紧蚕丝线。

04
缠绕时如遇蚕丝线不足的情况要进行接线。具体操作为：先将新加入的蚕丝线对折，套进铁丝一端并拉紧，微微盖住之前缠好的蚕丝线，然后继续缠绕，直至完成整个花瓣的缠绕。

05
取一支碳素笔（也可用筷子等圆柱形工具代替），用缠绕完毕的花瓣裹住笔身，使花瓣呈自然围绕状，花瓣的两个尖端相接，涂抹白乳胶固定，然后用蚕丝线缠绕几圈以覆盖白乳胶的痕迹。

06
将花瓣尖端的铁丝合并，用蚕丝线紧紧缠绕制作成一节花茎，方便之后的组装。重复制作3个这样的中号花瓣并将其凹面朝内，拼合在一起，制作成花苞。

3. 三种尺寸花瓣的制作

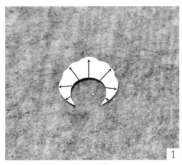  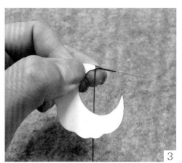

01

用与前相同的方法，在卡纸上绘制小号花瓣的图样并裁剪，完成小号花瓣的缠绕。需要注意小的卡纸用一根铁丝打底即可。

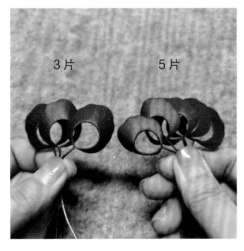

3片   5片

02

用碳素笔定型、固定得到8片小号花瓣，将这8片小号花瓣分成两组，一组为3片，一组为5片。

5片中号花瓣

03

用与前相同的方法制作5片中号花瓣，注意中号花瓣的打底只用一根铁丝。

04

大的花瓣需要的支撑就多一些，大号花瓣用两根铁丝打底。

大号花瓣两两组合，共5组

05

制作10片大号花瓣，在花瓣下方涂上锁边液，等待锁边液完全干透后，将花瓣两两组合，共5组，注意拼接时两片花瓣应以"背靠背"的方式相贴，左右稍微错开。

4. 牡丹花蕊的制作

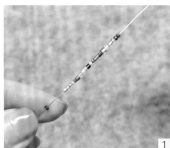
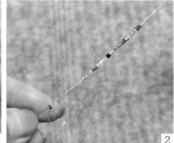

01

取长1.5m的保色铜丝，串上米珠，将居于末端的米珠稍微远离其他米珠，让铜丝的末端从该颗米珠上方穿入并拉紧，将该颗米珠固定在末端，再使其余米珠向末端靠拢。

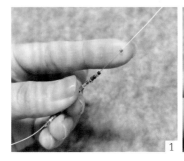

02

将居于顶端的米珠稍稍远离其他米珠，将顶端的铜丝从位于顶端的第2颗米珠的上方穿入，依次穿过所有米珠，拉紧铜丝，一根花蕊就制作好了。

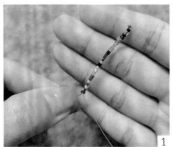

03

参考第1步和第2步的操作，制作11根花蕊。

5. 牡丹花的整体组装

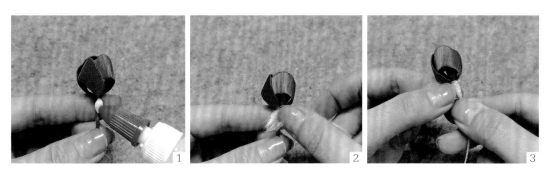

01
在之前制作完毕的花苞底部涂上白乳胶，再加入棉花条，让棉花条裹住花茎根部。

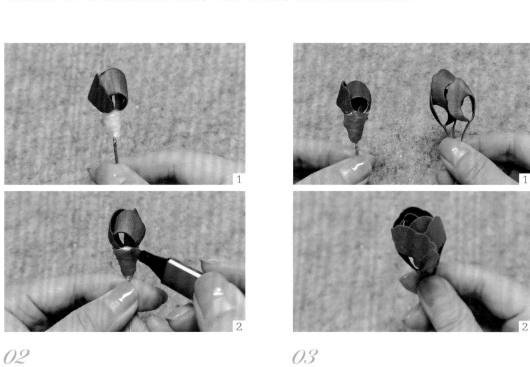

02
用彩笔在棉花条上涂画，为棉花条染色，使之与牡丹花在色彩上更加和谐。

03
取3片小号花瓣，用其包裹住花苞和棉花条，花瓣的位置分布与花苞相似。

04
在小号花瓣外侧加入制作好的花蕊，使花蕊的分布尽可能均匀。

05
在外层添加5片小号花瓣，注意调整花瓣位置，使其错落有致。

06
在最外层加入5组大号花瓣，花瓣凹面朝外，注意花瓣底部要与花根部相贴。

07
将之前单独制作的5片中号花瓣分别固定在每组大号花瓣的中间。

08
将伸出的花蕊往回折，随意地塞入牡丹花中即可。

6.7.2　蝴蝶的制作

蝴蝶是本款缠花中的重要装饰部分，为了展现蝴蝶的诸般形态和让缠花整体看起来更加亮丽丰富，我们在制作蝴蝶时会使用不同的方法。本小节将分别介绍 5 种蝴蝶样式的制作方法。

1. 制作材料及工具

- 白卡纸
- 碳素笔
- 剪刀
- 红色、荧光红、蓝色、黄色的蚕丝线
- 30 号丝网花铁丝
- 锁边液
- 木棒
- 米珠
- 装饰性金属线
- 绕线盘
- 直径为 0.5mm 的铜丝
- 直径为 0.3mm 的保色铜丝

2. 蝴蝶样式 1 的制作

01

用碳素笔在白卡纸上分别绘制蝴蝶样式1的上翅和下翅图样，取红色蚕丝线进行缠绕，注意上翅的尺寸要大于下翅，下翅的外侧边长大致与上翅的内侧边长相等。

02

涂抹锁边液并固定蚕丝线后，用木棒调整蝴蝶翅膀的形态，使翅面随侧边的弧度呈流线型。

03

用同样的方法再制作1组蝶翼，注意左右蝶翼要对称，将蝶翼组合在一起，并用上一小节中制作牡丹花蕊的方法为蝴蝶样式1制作触须。

3. 蝴蝶样式 2 的制作

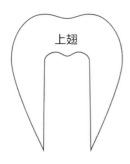

上翅

01

在白卡纸上绘出蝴蝶样式2的两片上翅的图样并用剪刀沿线裁剪，用蚕丝线进行缠绕，涂抹锁边液后，取木棒置于上翅背侧边缘，使上翅边缘往后弯折成卷边状，图样如左图所示。

下翅

02

在白卡纸上绘出蝴蝶样式2的两片下翅的图样并用剪刀沿线裁剪，用装饰性金属线进行缠绕，图样如左图所示。

03

将4片蝶翼组合在一起，并为蝴蝶样式2制作触须，制作触须的方法与制作蝴蝶样式1的触须的方法相同，在此不作赘述，效果如左图所示。

4.蝴蝶样式 3 的制作

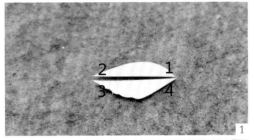

01

在白卡纸上绘出蝴蝶样式3的左侧上翅的图样，注意上翅两头尖，中部则较为圆润，且"1""4"一端相对较宽，"2""3"一端更尖更细，用剪刀沿线裁剪得到两张卡纸。蝴蝶样式3的上翅将采用双色控线缠法进行缠绕，因此需要准备红、蓝两色的蚕丝线并进行劈丝。

02

左手持铁丝和蓝色蚕丝线，右手先取红色蚕丝线在铁丝和蓝色蚕丝线上起头，加入纸样，继续用红色蚕丝线缠绕5mm左右，将红色蚕丝线绕至纸样背侧，用铁丝卡住。

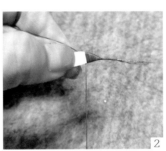

03

持蓝色蚕丝线继续缠绕，缠绕3次后绕到白卡纸背侧，用铁丝卡住。

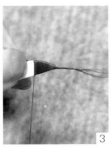

04

参考第2步和第3步，轮流用红、蓝两色蚕丝线进行缠绕，在缠其中一色蚕丝线时，另一色蚕丝线应当保持平整，同时要注意两色蚕丝线在正面的交叠。

 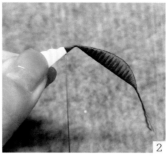

05

缠绕完毕后，取另一片白卡纸继续用双色控线缠法进行缠绕，使上翅两端的颜色保持一致。

正面　背面

06

整个上翅缠绕完毕后，将其从中间衔接处弯折，使首尾聚拢，用蚕丝线进行固定。

07

在白卡纸上绘制下翅图样并沿线裁剪，用红色蚕丝线进行缠绕，然后与上翅相接。重复以上操作，完成右侧的上翅、下翅的制作，并用米珠和铁丝制作蝴蝶样式3的触须。

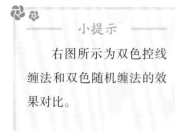

小提示

　　右图所示为双色控线缠法和双色随机缠法的效果对比。

双色随机缠法效果

双色控线缠法效果

5.蝴蝶样式 4 的制作

01

在白卡纸上绘制5个形如叶片、两端略尖的细长图样，每个图样由两张左右对称的卡纸组成，沿线裁剪，得到10张卡纸，将其分为两组，一组4张，一组6张，分别进行缠绕，注意每缠绕完两张左右对称的卡纸后需将其首尾相合，用蚕丝线固定。

02

用蚕丝线将两组纸样组装起来，使缠花形状近似一朵5瓣花，手持"5瓣花"的方式如图所示，此时1片"花瓣"单独居于上方，其余4片则左右对称，作为蝴蝶样式4的4个蝶翼。

03

将单独的一片由上方折回，用木棒从下方将上翅中部的缝隙撑开，使其具有立体感，再将下翅翅尖向下方回折。

04

将"5瓣花"中的2根铁丝向前端弯折，并用同色蚕丝线继续缠绕，制作成蝴蝶样式4的触须，每根触须顶端串入一颗米珠。

6.蝴蝶样式 5 的制作

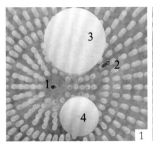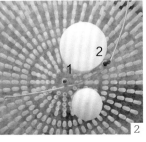

01

在绕线盘上放置4个柱，取1根20cm长、直径约0.5mm的铜丝，用蚕丝线包裹，从柱1左侧牵出铜丝，在柱1上绕1圈，再在柱2上绕1圈。

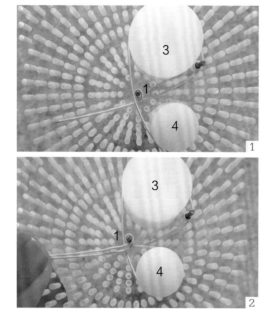

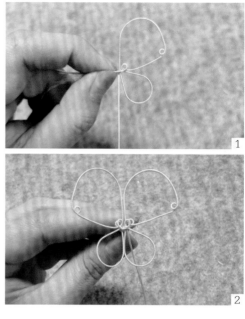

02

按逆时针方向将铜丝绕过柱3上方，经柱1左侧，绕至柱4下方，再按逆时针方向绕柱4一周，再从柱1下侧沿顺时针方向绕柱1一周，此时铜丝两端恰好可以合拢。

03

将铜丝取出，作为蝴蝶样式5的右侧蝶翼，再取一根铜丝，用相同的方法制作左侧蝶翼，注意两片蝶翼应左右对称，即完成蝴蝶模型的制作。

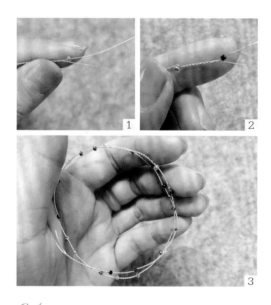

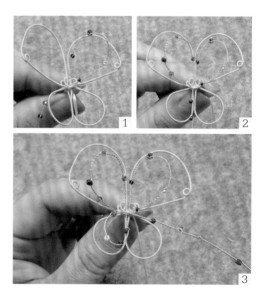

04

取一根90cm长、直径为0.3mm的保色铜丝，对折后在单根铜丝上随机串上米珠，串好后拧紧。

05

将保色铜丝固定在第1~3步中制作的蝴蝶模型上，注意要调整保色铜丝的形态，使其同蝴蝶模型一致。

06

将剩余的保色铜丝向蝴蝶顶端拉伸并往回对折，末端在蝴蝶中央固定住。

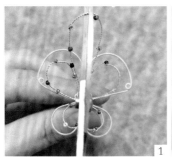

07

从保色铜丝顶端中央将其剪断，分别将两个断口向外侧弯曲。

7. 相应数量蝴蝶的制作

01

参照制作各样式蝴蝶的步骤，自主调整蚕丝线的颜色，制作2个样式1的蝴蝶、1个样式2的蝴蝶、2个样式3的蝴蝶、5个样式4的蝴蝶和2个样式5的蝴蝶。

02

分组放置，以备随时取用。

6.7.3 制作花枝，组装蝴蝶

花枝的制作并不复杂，但为了简化步骤，避免重复操作，在制作花枝时，我们需要同时完成蝴蝶的组装工作。本小节将介绍制作花枝并将蝴蝶组装起来的具体步骤。

1. 制作材料及工具

- 30 号丝网花铁丝
- 深色蚕丝线

2. 制作与组合

01

取10根长80cm的铁丝，右手持蚕丝线在铁丝末端处起头。

02

将铁丝末端往回折，并拢至与铁丝其余部分贴合，将未缠线的铁丝末端缠绕在铁丝上，使花枝的尾部呈圆弧状。这样做既能让使末端的蚕丝线不易从铁丝上脱出，也能防止铁丝末端过于尖锐而导致刮丝或刮伤。

03

将制作好的蝴蝶逐一固定到铁丝上，顺序随机，蝴蝶错落分布即可，铁丝需用蚕丝线完全缠绕，制作两根长度不一的花枝。

6.7.4　整体组装

各部件制作完毕后，接下来就要进行整体组装。本小节将介绍对各部件进行最终整合与组装的具体步骤。

1. 制作材料及工具

- 30 号丝网花铁丝
- 深色蚕丝线
- 液体珠光水彩笔

2. 组装

01

用铁丝和深色蚕丝线制作一根花枝，将牡丹花固定在这根花枝上用蚕丝线缠绕该花枝与前文制作的两根花枝。

02

以牡丹花为中心，将附有蝴蝶的花枝环绕在牡丹花周围。

03

调整缠花的整体形态，用液体珠光水彩笔在蝴蝶上适当涂抹，营造氛围感。

6.7.5 成品展示与要点回顾

◉ 制作不同形态的蝴蝶

◉ 运用多种方法制作蝴蝶触须

◉ 双色控线缠法

◉ 一边制作花枝一边组装